中华文明探微

展现悠久历史 Embody the long history

探寻中华文明 Explore the Chinese civilization

润物的歌咏

中国节气

循着春夏秋冬的脉搏，聆听天人相应的和声

Chinese Solar Terms

白　魏　戴和冰　主编

祝亚平　著

北京出版集团公司

北京教育出版社

图书在版编目（CIP）数据

润物的歌咏 ：中国节气 / 祝亚平著. — 北京：北京教育出版社，2013.4
（中华文明探微 / 白巍，戴和冰主编）
ISBN 978-7-5522-1082-8

I. ①润… II. ①祝… III. ①节气—介绍—中国
IV. ①K892.18②P193

中国版本图书馆CIP数据核字（2012）第216188号

中华文明探微

润物的歌咏

中国节气

RUNWU DE GEYONG

白　巍　戴和冰　主编

祝亚平　著

出　版　北京出版集团公司
北京教育出版社

地　址　北京北三环中路6号

邮　编　100120

网　址　www.bph.com.cn

总发行　北京出版集团公司

经　销　新华书店

印　刷　滨州传媒集团印务有限公司

版印次　2013年4月第1版　2018年11月第4次印刷

开　本　700毫米×960毫米　1/16

印　张　9.5

字　数　110千字

书　号　ISBN 978-7-5522-1082-8

定　价　33.00元

质量监督电话　010-58572393

总　序

时下介绍传统文化的书籍实在很多，大约都是希望通过自己的妙笔让下一代知道过去，了解传统；希望启发人们在纷繁的现代生活中寻找智慧，安顿心灵。学者们能放下身段，走到文化普及的行列里，是件好事。《中华文明探微》书系的作者正是这样一批学养有素的专家。他们整理体现中华民族文化精髓诸多方面，不炫耀材料占有，去除文字的艰涩，深入浅出，使之通俗易懂；打破了以往写史、写教科书的方式，从中国汉字、戏曲、音乐、绘画、园林、建筑、曲艺、医药、传统工艺、武术、服饰、节气、神话、玉器、青铜器、书法、文学、科技等内容庞杂、博大精美、有深厚底蕴的中国传统文化中撷取一个个闪闪的光点，关照承继关系，尤其注重其在现实生活中的生命性，娓娓道来。一张张承载着历史的精美图片与流畅的文字相呼应，直观、具体、形象，把僵硬久远的过去拉到我们眼前。本书系可说是老少皆宜，每位读者从中都会有所收获。阅读本是件美事，读而能静，静而能思，思而能智，赏心悦目，何乐不为?

文化是一个民族的血脉和灵魂，是人民的精神家园。文化是一个民族得以不断创新、永续发展的动力。在人类发展的历史中，中华民族的文明是唯一一个连续5000余年而从未中断的古老文明。在漫长的历史进程中，中华民族勤劳善良，不屈不挠，勇于探索；崇尚自然，感受自然，认识自然，与自然和谐相处；在平凡的生活中，积极进取，乐观向上，善待生命；乐于包容，不排斥外来文化，善于吸收、借鉴、改造，使其与本民族文化相融合，兼容并蓄。她的智慧，她的创造力，是世界文明进步史的一部分。在今天，她更以前所未有的新面貌，充满朝气、充满活力地向前迈进，追求和平，追求幸福，勇担责任，充满爱心，显现出中华民族一直以来的达观、平和、爱人、爱天地万物的优秀传统。

什么是传统？传统就是活着的文化。中国的传统文化在数千年的历史中产生、演变，发展到今天，现代人理应薪火相传，不断注入新的生命力，将其延续下去。在实践中前行，在前行中创造历史。厚德载物，自强不息。是为序。

湯一介

序

独特的传统

翻开日历，惊蛰、清明、谷雨、芒种、白露、寒露、霜降、大雪……一个个标红的日子，让你感到既熟悉，又陌生。也许你毫不在意，只是在日历上寻找节日之时略有所感，因为我们的生活已经被“星期”这个七日的轮回主宰。对于钢铁丛林中的都市人而言，这些标红的日子如果不是假期，便只是一种似远似近的记忆；但对于田野里的农民而言，这些隔十五六天便出现的标红的日子，似乎更能引起他们的注意。无论如何，当一连串的日子联翩而至并且轮回成一个完整的四季，也许你的心间就会有根琴弦被拨动，一种淡淡的原野气息慢慢地充盈，一曲旷远的歌咏在耳边缓缓地响起，让你为之呼吸一畅，神情为之一振。如果说岁月是踏着阴阳之气的脚步，而节气不正是涌现阴阳之气的源头吗？节气承载的是一个千年的传统，是我们中国人的岁月之歌。

在中国，几乎每个孩子都会背一首歌谣：春雨惊春清谷天，夏满芒夏暑相连，秋处露秋寒霜降，冬雪雪冬小大寒。这首《二十四节气歌》，被收录在义务教育的语文课本里。中国的孩子经常会听到老祖母念念有词地念叨："三九四九，冻死老牛！"以此来嘱咐孩子们多穿棉衣，保暖御寒；在每晚七点的中央电视台《新闻联播》里，人们也时常会听到："今天是二十四节气中的XX节气"，以提醒人们注意天气的变化。节气，在中国可谓是家喻户晓，人人皆知，它的影响是如此深远，甚至可以说，它是中国人数千年承载下来的独特传统，其重要性并不亚于春节。

二十四节气仅用二十四个两字词语，就将一年四季的气候特征概括详尽，这是中国先民的一大创造。就其现代天文学的意义而言，以太阳在地球上的投影为坐标，将地球绕太阳公转一周的轨迹划分为二十四个相等的长度，由此产生了二十四节气，并平均归属于春、夏、秋、冬四季。但是中国古人并不知道地球是绕着太阳转的，在先民的观察中，太阳东升西落，才是天经地义的，但这并不妨碍古人的观察与体悟。太阳绕地球运动与地球绕太阳运动，只是视觉与真实之差，以这两种运动为基础，对二十四节气的研究和观察在结果上是一致的。

正如"地理学之父"埃拉托色尼用一根竿子便测出了地球的周长一样，中国的古人在五千多年前，便用立竿测影的方法，准确地测出了太阳视运动一个回归年中的四个最重要的时刻：冬至、春分、夏至、秋分，并由此推出了准确的二十四节气。这种立表测影，或者叫土圭测影的方法，首先是在黄河中下游地区流行，所以，二十四节气的发源地，应该是今天的中原地区。至于是谁最先提出了二十四节气的概念，尽管有各种各样的上古传说，但今天我们已经无法考证，我们只知道二十四节气是一个跟中国古代农业同步发展起来的指导农事的补充历法。

中国是一个典型的农耕社会，“靠天吃饭”是几千年不变的传统，气候知识对农民而言，其重要意义不言而喻。古代的劳动人民在历法还没有完善之前，就已经用节气来指导农业生产了。而二十四节气中的名称，也反映了农业上的应用，比如“芒种”大意为有芒作物种子已经成熟，将要收割，而对于夏播作物来说正是播种最忙的季节，所以节气的本质是一种简单的农事历。而在后来的中国农历中，节气一直扮演着极为重要的角色。中国古代的大科学家沈括，甚至提出了革命性的“十二气历”—— 一种单纯用节气来编排历法的“太阳历”。

除了与农业、历法关系密切之外，二十四节气还与中国古代的物候学、气象学关系密切。中国古代的先民对自然现象的观察是如此细致，鸟兽草木的应时变化，都被记录下来，与二十四节气相配，形成了名为“七十二候”的气候生物学，充分体现了中国哲学的阴阳相感、天人合一的思想。当然，这种天人合一的思想自然而然地被应用在人类的自我保养上，因而在中医学里，出现了独具一格的节气养生学。

随着历史的发展，二十四节气已经由中原地区逐步推广到华夏的各个地区，影响每个中国人的日常生活，许多民俗文化活动都离不开节气。立春要吃春卷，叫作“咬春”；冬至吃饺子，谓之“交子”。南方的春社，北方的庙会，都与节气的变化有着千丝万缕的联系。

二十四节气作为中国传统文化的一个重要组成部分，几千年来，一直深深影响着每一个中国人，形成了独一无二的文化传统。

目　录

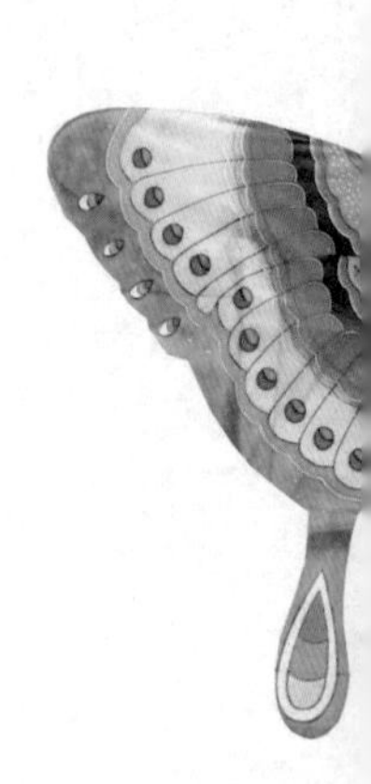

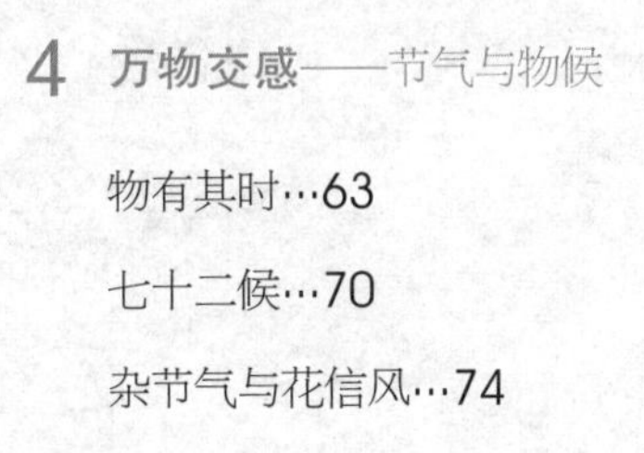

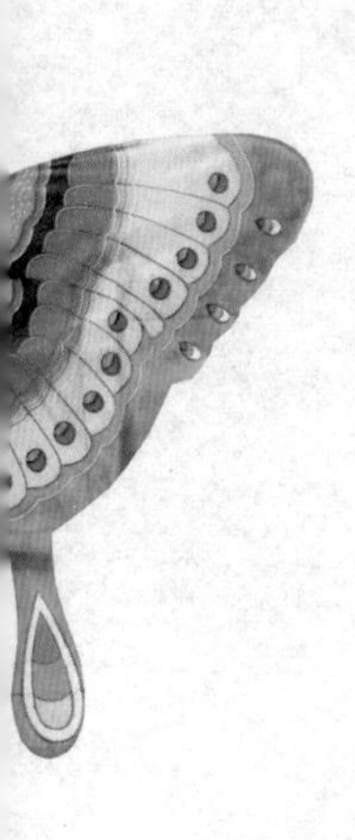

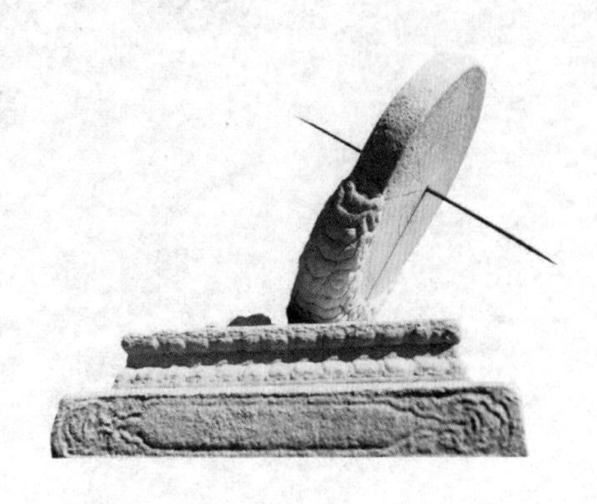

1

观象授时

——节气的由来

先民定时令

从蛮荒到文明，悠悠千载，中国历史上从来不乏那些仰望星空、探索奥秘的人，也不乏那些俯察万物、寻求物理的人。日月经天，江河行地，星移斗转，繁衍生息，我们的祖先年复一年地在观察体悟，探究测算，逐渐形成了独一无二的物候学、天文学知识，其中的经典范例，便是我们要探讨的二十四节气。（图1-1）

从今天的卫星地图上看，中国大地就像一个坐着的巨人，伸开大臂环抱着中原大地，敞开胸怀的只有东南一隅，那是大海。其他部分，要么是飞鸟绝迹的高原，要么是人迹罕至的森林，形成了一片相对封闭的内陆。在这片大陆上，孕育了一个神奇的、延绵了数千年的、高度发达的农业文明。我们让时光倒流一万年，去看一看那钻木取火、结绳记事的年代，我们的祖先，又是如何开始刀耕火种的农业文明的呢？

一万多年前，生活在黄河流域的先民们，已经开始培植谷物，豢养家畜。而与他们的日常生活紧密相连的，莫过于气候与土壤。当黄河的冰凌开始解冻，河边的柳树抽出嫩芽，布谷鸟又开始欢叫，蛰居的动物们拱出

图1–1　二十八星宿图，湖北随县（今随州市）出土的战国时期的二十八星宿图

二十八星宿，又名二十八舍或二十八星，它是古代特有的星区划分方法，它把沿黄道和附近的星象划分为28个部分，每一部分叫作一宿。

了松润的泥土，那些尚在蒙昧状态的先民们，便会直觉地感到，播种的季节又来到了。

农民对气候的直觉，在这片黄土地上已经延续了上万年。这种直觉可能来源于两个方面：一是人类的生物本能，人与其他动物一样，也是有生物节律的，一年四季的阴阳寒暑变化，自然也会在人的身上留下印迹，写下密码，只不过人类对自己体内的生物钟还一直不够敏感；二是物候的变化，动植物的变化与人类生活息息相关，自然也会引起人类敏锐的触感。

于是，物候的变化，成为那个时代人类对自然变化的最初的认识，其实，这也是一切科学认识的开始。

天文学史家们指出，在远古，年、季、月的概念，并不是在对行星运动的观测基础上得来的，而是很直观地从物候的变化之中总结出来的。

比如“年”字，在《说文解字》里，是指“谷熟”，与“稔”字同义。说明至少在长江流域，华夏的先民是以谷物的成熟周期来纪年。而云南的一些少数民族把“布谷鸟又叫了”“攀枝花又开了”“稻谷又收成了”的物候现象的出现，视为一个“年”又回来了。某些少数民族，是以草木荣落以纪其岁时的，这正是“离离原上草，一岁一枯荣”的纪年意义。有些民族甚至直接把几年叫作“几草”，意思是说见过了几次草原的返青。在没有文字的时代，人们或许自发地将物候的周期变化，以结绳记事的方法记录下来。用两根绳子都打上结表示冬天，都不打结便表示夏天。后来再用一根打结，一根不打结，通过上下的不同摆放，来表示春季与秋季。四时的寒暑变化就这样被慢慢固定下来。岁月就这样被一串串地挂在了历史的长绳上。（图1-2）（图1-3）

四季的起源则要复杂得多，因为各地的气候差异很大，黄河长江流域四季分明，人们可以从物候观察中找出季节变化的轨迹。正如古书所记载

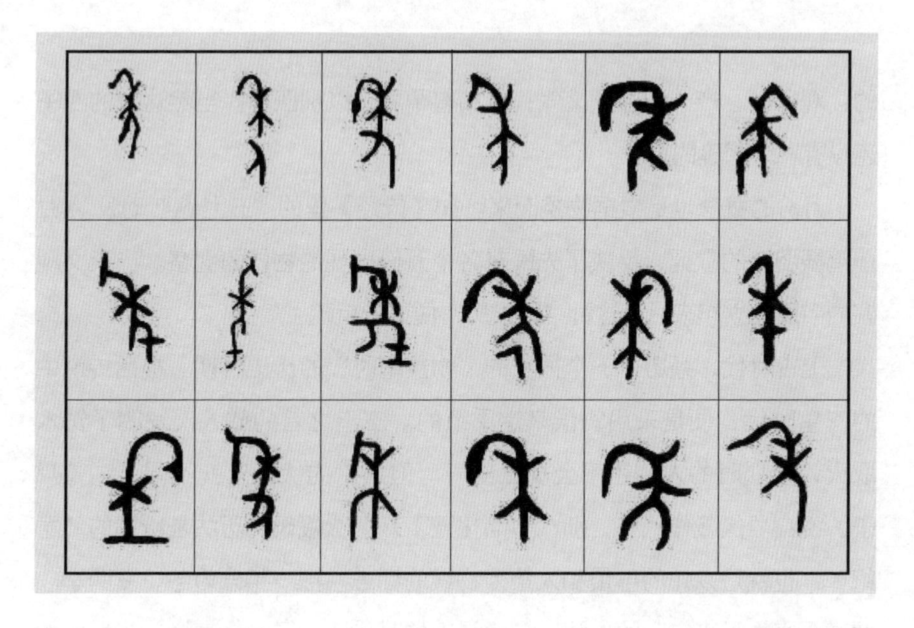

图1-2 “年”字的演变

从“年”字的演变可以看出，它们都与谷物有关，先民们是通过谷物成熟来定义“年”的时间含义的。

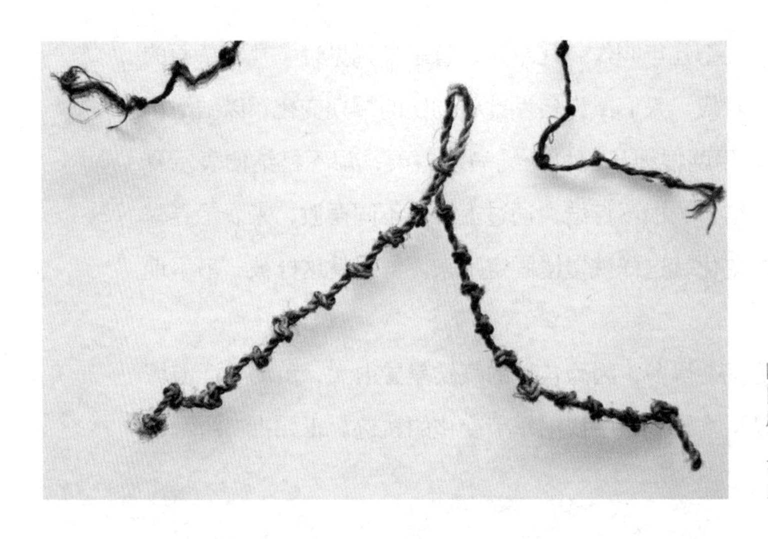

图1-3　结绳记事，云南民族博物馆民族文字古籍展厅（杨兴斌/摄）

图为独龙族的结绳记事，一个结代表一天，意为十天后相会。

的：观禽兽之产，识春秋之气；见鸟兽孕乳，以别四季。当然这时的四季还没有一个明确的划分。

月份的概念也是根据物候而来。如《诗经》里的“五月螽斯动股,六月莎鸡振羽”的歌谣，反映了先民对各个月份出现的物候的观察。当天文观察的手段建立起来后，这种“物候历”便显得粗疏了。（图1-4）

上古时代，经历了一个很长的“物候纪时”的历史时期。神话传说中的三皇时代，便是采用物候来定季节的。三皇之首的燧人氏发明了钻木取火，但那时的人们还不会观星望气。但后来的伏羲氏就不同了，《尸子》说：“伏羲作八卦，别八节而化天下。”伏羲氏的历法是所谓的“龙纪”，也就是以蛇的出蛰和入蛰为物候的标志，把一年分为冬、夏两季。通过观察物候来定时的方法，在少昊氏的时代达到了一个高峰。少昊氏的“鸟纪”是以鸟来纪时。候鸟的四季迁徙，成为划分季节较为准确的依据。这一点从当时的官职设置上也可以看出来。少昊氏的凤鸟氏为历正

图1–4 《白菜蝈蝈》(齐白石/画)

古人以观察动物与植物的周期变化来纪年，称为“物候历”。正文中所提“螽斯”“莎鸡”即为蝈蝈。

（主管四时历法的官）；玄鸟氏为司分，以燕子的南来北往定春分与秋分；赵伯氏为司至，即以伯劳鸟来定冬至与夏至；青鸟氏为司启，主管立春、立夏；丹鸟氏为司闭，主管立秋、立冬。这是典型的物候纪时方法。值得注意的是，这里的“分、至、启、闭”，便是“四时八节”的概念，即春夏秋冬四季与立春、立夏、立秋、立冬、春分、夏至、秋分、冬至八个节气。（图1-5）

四时八节，便是二十四节气的前身，也是节气中最为重要的时间节点。八节清楚地划分出一年四季，标示出季节的转换。虽然还不够精确，

图1-5　伏羲创八卦，《瑞世良英》卷一《君鉴》

伏羲用“—”代表阳，用“--”代表阴，3个这样的符号，排列组合成的8种形式，分别叫作乾、坤、巽、兑、艮、震、离、坎卦。每一卦形代表不同的事物，八卦互相搭配又得到六十四卦，用来象征各种自然现象和人事现象。

但已经无可疑义地证明了节气这一概念，以及以节气来纪时的方法，在公元前10000年到公元前5000年之间，便已经由华夏的先民们发明了。相对而言，其他大陆上的农民们却没有这个福分，无论是希腊还是埃及、巴比伦，都只认识到冬至与夏至两个节气。四时八节二十四气，只有中国独有，而且从远古直到今天，人们一直都在用，这不能不说是人类文明史的一个奇迹。

太阳的运动

要理解古人的思维与二十四节气的实质，首先要对现代天文学中的太阳与地球的关系有一个基本的认识。

太阳在地球生命中起着决定性的作用，这一点先民们很早便认识到了。万物生长靠太阳，太阳决定了一年四季的寒温冷暖，但在先民们的认识中，大地并不是一个球体，地球也不是绕着太阳在转，人们看到的，只是太阳的东升西降，人们感到的是夏天的太阳炽热，冬天的太阳温和，太阳在天际的运动，是人们的视觉运动的反应，天文学上称之为太阳的“视运动”。地球的自转方向是由西向东，所以看起来太阳是在做东升西降的运动，当然，实际上这是一种错觉。（图1–6）

图1–6　贺兰山岩画太阳神

此图反映了古人对太阳的崇拜。

我们今天认识到的日地关系是地球绕着太阳做公转和自转。当然得出这一正确的结论，人类经历了一次又一次的否定和思考。古希腊的科学家阿里斯塔克斯首先提出了一个“太阳中心论”的宇宙模型，但善于思考的古希腊人用一个简单的“视差运动实验”来验证它，由于当时还没有望远镜，观测的结果并不支持日心说，古希腊人便用这个错误的实验否定了较为接近真理的“太阳中心论”。后来亚里士多德提出了一个同心圆的水晶球模型，托勒密用复杂的本轮和均轮学说加以完善，形成了长期占据统治地位的“地心说”。直到1543年哥白尼提出“日心地动说”，人们才真正地认清了我们居住的地球，原来是绕着太阳在转的。但是，我们中国的先民们并没有认识到这一点，因为中国古代既无地球的概念，也没有像亚里士多德那样的同心圆概念，我们的先人想象中的宇宙模式是“天圆地方”，或者是“天如斗笠，地如覆盘”，在汉代以前，这种盖天说的宇宙模式是当时的主流认识。（图1-7）（图1-8）

按照先民的经验和当时的观察，太阳是绕着地球做东升西降的圆周运动的，而

图1-7 古希腊的地心说模型

公元2世纪，希腊天文学家托勒密发展了“地心说”。“地心说”是世界上第一个行星体系模型。尽管它把地球当作宇宙中心是错误的，然而它的历史功绩不应被抹杀。

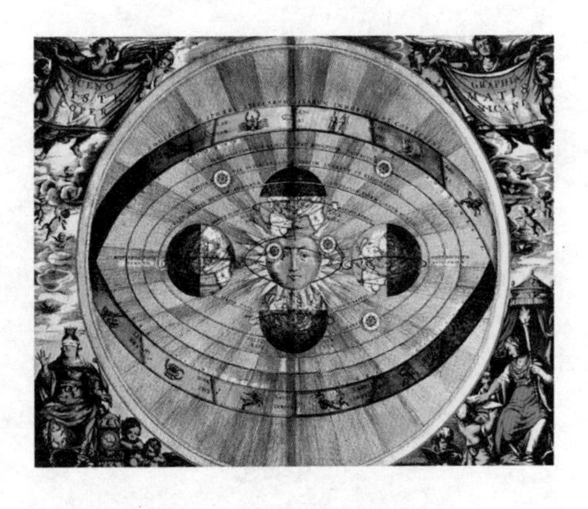

图1-8 哥白尼“太阳中心学说”绘画

哥白尼提出的“日心说”，有力地打破了长期以来居于宗教统治地位的“地心说”，实现了天文学的根本变革。

太阳运动的轨迹，便被称为“黄道”。把圆周形黄道等分成二十四份，黄道上的这二十四个点，也就是二十四节气。所以二十四节气严格来说不是一日，而是一个时刻，也就是太阳运动到黄道上这个节点的时刻。理解了这一点，对于二十四节气的来源与实质便有了一个清楚的认识。（图1-9）

其实古人得出这个认识，可是经历了长期的观测与思考的。先民首先是根据对物候的观察来定时令的，但物候并不精确，所定的四时八节还有些粗疏，大约到了炎帝的时代，人们已经开始以天文的观测来定时令了。从物候观察到天文观测，不能不说是迈进了一大步。（图1-10）

从现代天文学的角度来看，二十四节气是根据太阳在黄道（即地球绕太阳公转的轨道）上的位置来划分的。我们看到的“视太阳”从春分点（黄经零度，此刻太阳垂直照射赤道）出发，每前进15度为一个节气，运行一周又回到春分点，这就是一个回归年，合360度，这样就分成了二十四

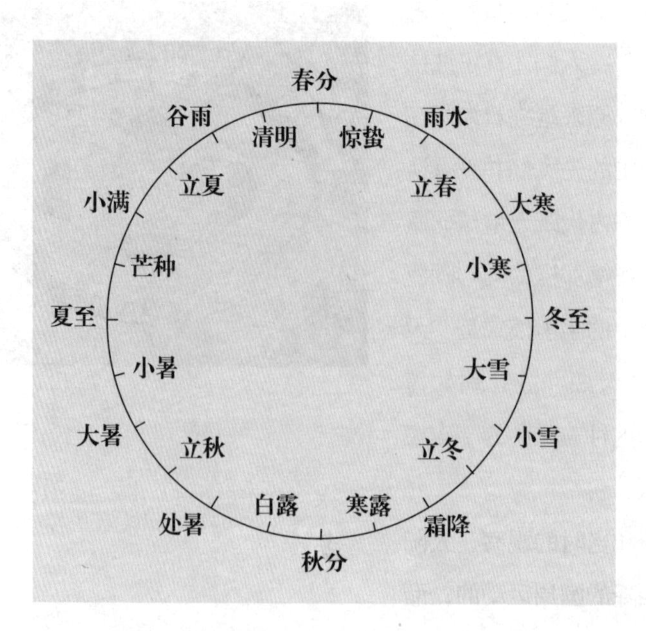

图1-9　二十四节气与黄道示意图

图1-10　北京古观象台的黄道经纬仪（查振旺/摄）

北京古观象台的黄道经纬仪，制于康熙八年至十二年(1669—1673年),重2752千克,仪高3.492米。主要用于测量天体的黄道经度和纬度以及测定二十四节气。

个节气。节气的日期在阳历中是相对固定的，如立春总是在阳历的2月3—5日之间。但在农历中，节气的日期却不大好确定，再以立春为例，它最早可在上一年的农历十二月十五日，最晚可在正月十五日。（图1-11）

在一个回归年间，地球每365天5时48分46秒，围绕太阳公转一周，每

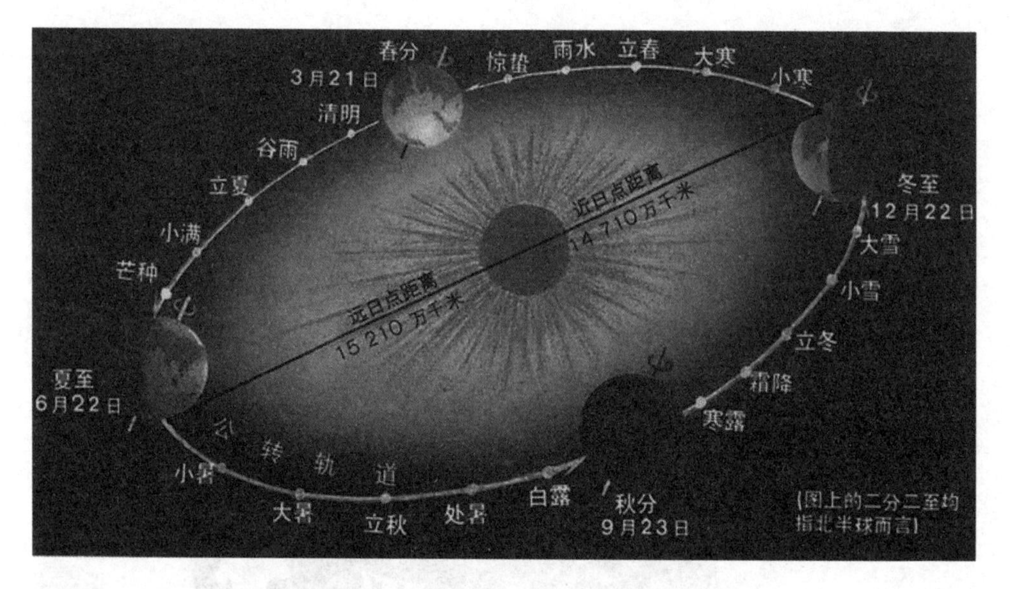

图1–11　地球公转和节气变化示意图

24小时还要自转一次。由于地球旋转的轨道面同赤道面不是一致的，而是保持一定的倾斜，所以一年四季太阳光直射到地球的位置是不同的。以北半球来讲，太阳直射在北纬23.5度时，天文学上就称为夏至；太阳直射在南纬23.5度时称为冬至；夏至和冬至即指已经到了夏、冬两季的中间了。一年中太阳两次直射在赤道上时，就分别为春分和秋分，这也就到了春、秋两季的中间，这两天白昼和黑夜一样长。反映四季变化的节气有：立春、春分、立夏、夏至、立秋、秋分、立冬、冬至8个节气，其基础是土圭测影的实测，反映的是天文现象。正如我们今天耳熟能详的《节气诗》里说的：

地球绕着太阳转，转完一圈是一年；

一年分成十二月，二十四节紧相连。

春雨惊春清谷天，夏满芒夏暑相连；

秋处露秋寒霜降，冬雪雪冬小大寒。

每月两节不变更，最多相差一两天；

上半年来六廿一，下半年是八廿三。

这首被收入中学语文课本的《节气歌》，朗朗上口，过目难忘，已经成为中国人不可或缺的文化传统，影响着每个人的生活。（图1-12）

春季	节气名	立春（正月节）	雨水（正月中）	惊蛰（二月节）	春分（二月中）	清明（三月节）	谷雨（三月中）
春季	节气日期	2月 3—5日	2月 18—20日	3月 5—7日	3月 20—21日	4月 5—6日	4月 19—21日
春季	太阳到达黄经	315°	330°	345°	0°	15°	30°
夏季	节气名	立夏（四月节）	小满（四月中）	芒种（五月节）	夏至（五月中）	小暑（六月节）	大暑（六月中）
夏季	节气日期	5月 5—7日	5月 20—22日	6月 5—7日	6月 21—22日	7月 6—8日	7月 22—24日
夏季	太阳到达黄经	45°	60°	75°	90°	105°	120°
秋季	节气名	立秋（七月节）	处暑（七月中）	白露（八月节）	秋分（八月中）	寒露（九月节）	霜降（九月中）
秋季	节气日期	8月 7—9日	8月 22—24日	9月 7—9日	9月 22—24日	10月 8—9日	10月 23—24日
秋季	太阳到达黄经	135°	150°	165°	180°	195°	210°
冬季	节气名	立冬（十月节）	小雪（十月中）	大雪（十一月节）	冬至（十一月中）	小寒（十二月节）	大寒（十二月中）
冬季	节气日期	11月 7—8日	11月 22—23日	12月 6—8日	12月 21—23日	1月 5—7日	1月 20—21日
冬季	太阳到达黄经	225°	240°	255°	270°	285°	300°

图1-12　节气表

土圭测影

在二十四节气真正确立之前，当人们意识到太阳是气候的决定因素时，这已经是一个了不起的进步。也许是一个偶然的契机，人们发现，一根竿子竖在地上，便会在地上留下太阳的影子。这影子由长到短，再由短变长，日复一日，年复一年，不难看出，影子的长短其实是有规律的。我们很难想象，最初的发现者是如何的惊讶。因为夏至那天，影子最短，冬至那天，影子最长，这个规律，不经过几十年，甚或几百年的测量，是得不出来的。

图1–13　立竿见影

我们常说的一句成语“立竿见影”，便是由此而来。（图1–13）

其实，立竿测影一直是先人用来测量时间的手段。无论是在中国还是在希腊，先民都是用一根简单的竿子来测量时间的。中国的日晷运用的也是这一原理。

图1－14　颛顼（公元前2514—公元前2437年），相传是黄帝的孙子，号高阳氏，居帝丘（现河南濮阳县）

最早记载的“立竿测影”的方法，应该是在颛顼时代。颛顼是黄帝的孙子，他是一位“绝地天通”的人物。史传“高阳氏裁地以象天”，说明是他开始把天文观测当作决定节气的方法，而此前，则是以物候来定节气。他任命了一位叫“重”的官员为司天之官——南正。南正的职司是立起八尺之竿，以观测太阳中天的“景”。“景”就是日影。有了这种立竿测影的测量方法，人类对太阳运动的认识自然进化到了实测的阶段，也就有了一系列新的发现。（图1–14）

那么，什么是土圭呢？其实它就是一根长度八尺的竿子在地上的投影，《周礼·地官·大司徒》里说道：“以土圭之法测土深，正日景，以求地中。”后人解释这篇文章时说，“土圭尺有五寸，周公摄政四年，欲求土中而营王城，故以土圭度日景之法测度也。度土之深，深谓日景长短之深也。”所谓的测土深，或度土之深，是指影子的长短。具体的做法是，在

夏至这一天，竖八尺之表，日中而度之，圭影正好等于一尺五寸。（图1–15）

按气象学家竺可桢的说法，至少在公元前7世纪，人们已经开始用土圭来测量日影长短了。这一方法在周朝直至汉代，一直是主要的测量方法。积累了若干世纪，人们终于发现，一年当中，夏至影最短，冬至影最长。这两个节气是实测的，而其他的可以推算出来。春分与秋分的影长是相等的，是夏至影长与冬至影长之和的一半。这样，两至、两分便确立了。随之表示春夏、秋、冬四季开始的四个节气也相继可以确定了。两分、两至加上四立，便是“八节”。（图1–16）

战国晚期的《吕氏春秋》里，已有立春、春分、立夏、夏至、立

图1–15　周公测景台中的圭表石柱及研究报告配图（聂鸣/摄）

我国古代测日影所用的仪器是“圭表”，而最早装置圭表的观测台是西周初年在阳城建立的周公测景台，因周公营建洛邑选址时，曾在此建台观测日影而得名。

秋、秋分、立冬、冬至八个节气的明确记载。《左传·僖公五年》载："凡分、至、启、闭，必书云物，为备故也。"就是说，每逢两分、两至、四立时，必须把当时的天气和物象记录下来，作为准备各项农事活动的依据。详细地记录物象、气象，是先民长期形成的传统，是重视农业生产的必要手段。《吕氏春秋》除了记载二十四节气中最重要的八气外，还记载了许多关于温度、降水变化以及由此影响的自然、物候现象。这也是

图1-16　登封观星台，1279年元代天文学家郭守敬设计建造，河南登封

观星台北面石圭与观星台构成一个巨型圭表，石圭居于子午线方向。圭面中心和两旁均有刻度以测量影长。根据台上横梁在石圭上投影的长短变化，确定春分、夏至、秋分、冬至，划分四季。

先民记录物象、气象的优良习俗的文字遗迹，与《左传·僖公五年》所载是吻合的。但这并不能说明《吕氏春秋》这部书产生的时代二十四气尚未形成。（图1-17）

我们前面说过，早期的物候历是较为粗略的，后来有了测量工具，节气的确立变得更加精确了。这一点，从《周髀算经》里可以得到明证。据考证《周髀算经》汉代成书，记载的却是周朝的天文数据。周髀的基本方法，就是立表测影。髀者，表也。它用的是八尺之表，测得夏至影长一尺六寸，冬至影长一丈三尺五寸。随后，通过这两个数据，《周髀算经》给出了二十四节气的日影长度。（图1-18）

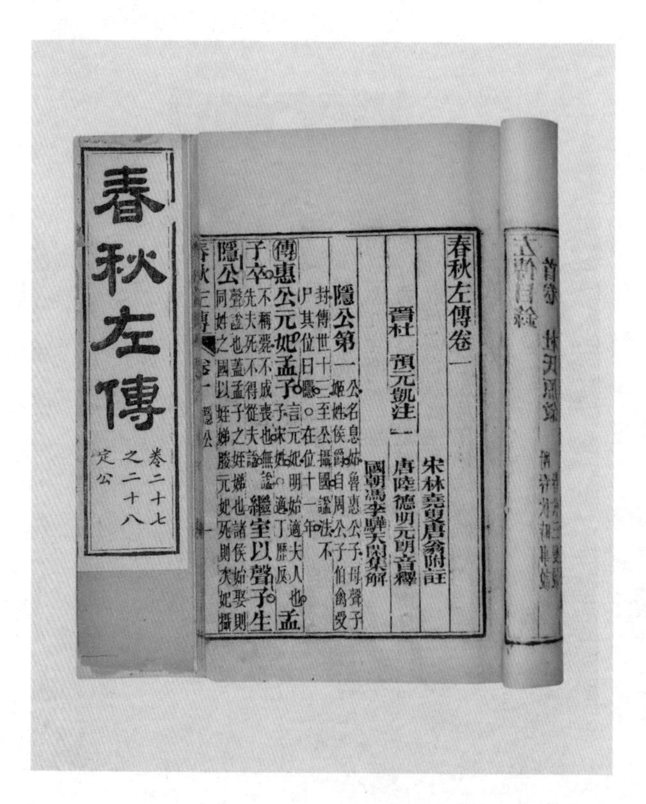

图1-17　《春秋左传》，图为（清）冯李骅集解书影，同治二年(1863年)崇文书局刻

《春秋左传》又名《左传》，是我国现存最早的编年体史书。相传为春秋末年的左丘明为解释孔子的《春秋》而作。

这说明，周代的先人们已经把土圭测影的方法与物候学结合起来，而且还采用了观察天象的方法，比如观察北斗七星斗柄的指向来定节气。有“斗柄东指，天下皆春；斗柄南指，天下皆夏；斗柄西指，天下皆秋；斗柄北指，天下皆冬”的记载。这在天文学上被称为“斗建”，也是确定节气的方法之一。（图1-19）

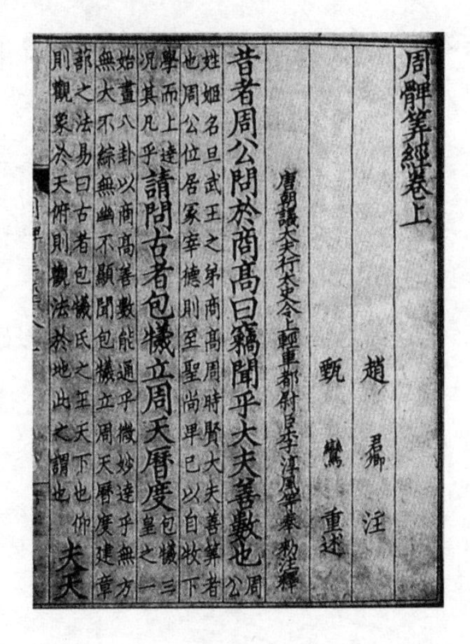
周髀算經卷上
趙 君卿 注
甄 鸞 重述
唐朝議大夫行太史令上輕車都尉臣李淳風等奉勅注釋
昔者周公問於商高曰竊聞乎大夫善數也 周公姓姬名旦武王之弟商高周時賢大夫善算者也周公位居冢宰德則至聖尚卑己以自牧下學而上達況其凡乎 請問古者包犧立周天曆度 包犧三皇之一始畫八卦以商高善數能通乎微妙達乎無方無大不綜無幽不顯聞包犧立周天曆度建章蔀之法易曰古者包犧氏之王天下也仰則觀象於天俯則觀法於地此之謂也 夫天

图1-18　《周髀算经》，成书于公元前1世纪，图为南宋传刻本书影

算经的十书之一，原名《周髀》，天文学著作。其中涉及部分数学内容。

但观察物候与天象，远不如土圭测影准确。所以，在二十四节气的形成过程中，土圭测影是最具数理逻辑性质的方法，它既是天文测量的基本方法，也体现了二十四节气的来源，是比较科学的。《黄帝内经·素问·六节藏象论》记载了使用“圭表”观测的方法：“立端于始，表正于中，推余于终，而天度毕矣。”根据圭表上日影长度来测量与推算，就是确定二十四节气最简便而且可靠的方法。

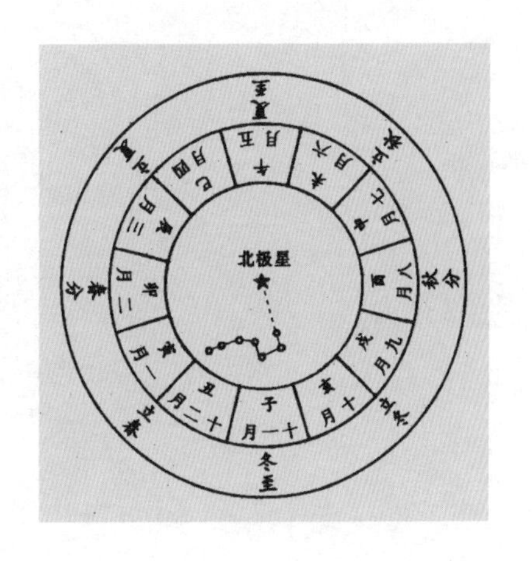

图1-19　北斗与四季的关系示意图

用土圭测影的方法，先确定夏至与冬至的准确日子，然后根据实测得到的影长，便可以定出四季，进一步划分八节，八节再一分为三，便可形

成二十四节气。正如《周髀算经》所说："二至者，寒暑之极。二分者，阴阳之和。四立者，生长收藏之始。是为八节，节三气，三而八之，故为二十四。"意为二至便是夏至、冬至，它们是寒暑达到极致的标志；二分是春分、秋分，它们是阴阳平分的标志；四立是立春、立夏、立秋、立冬，它们是天地气机变化的标志，这就是"四时八节"，再一分为三，就形成了二十四节气。由此我们可以确定，二十四节气的划分，是建立在天文实测的基础之上的，其科学性不容置疑。

节气的确立

二十四节气完整地出现，是在汉代的《淮南子·天文训》里。《淮南子》是历史上的一部奇书，属于道家的著作。后人评价它“牢笼天地，博极古今”。可谓是流源千里，渊深百仞，致其高崇，成其广大，是汉代以前天文地理等自然知识的集大成之书。（图1–20）

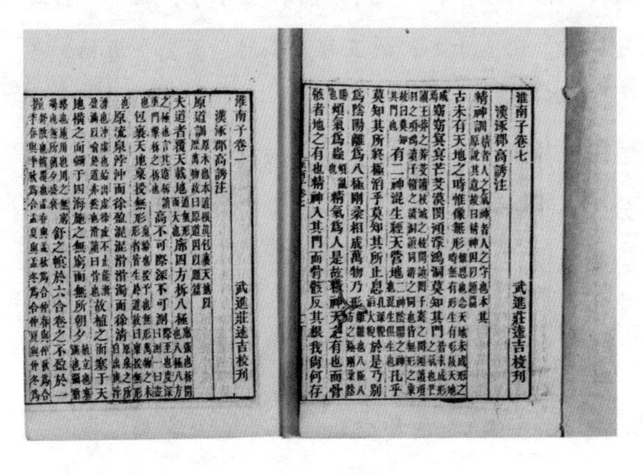
淮南子卷一
漢涿郡高誘注
武進莊逵吉校刊
原道訓
夫道者覆天載地廓四方柝八極高不可際深不可測
包裹天地稟授無形
原流泉浡沖而徐盈混混滑滑濁而徐清
故植之而塞于天地横之而彌于四海施之無窮而無所朝夕
舒之幎於六合卷之不盈於一握

淮南子卷七
漢涿郡高誘注
武進莊逵吉校刊
精神訓
古未有天地之時惟像無形
窈窈冥冥芒芠漠閔澒濛鴻洞莫知其門
有二神混生經天營地
孔乎莫知其所終極滔乎莫知其所止息於是乃別爲陰陽離爲八極剛柔相成萬物乃形
煩氣爲蟲精氣爲人是故精神天之有也而骨骸者地之有也精神入其門而骨骸反其根我尚何存

图1–20 《淮南子》，图为清刻本书影

本书是我国西汉时期的一部论文集，由西汉皇族淮南王刘安主持撰写。全书内容庞杂，虽将道、阴阳、墨、法和一部分儒家思想糅合起来，但主要的宗旨倾向于道家。

《淮南子·天文训》里明确地说道："八月、二月，阴阳气均，日夜分平，故曰刑德合门。德南则生，刑南则杀，故曰二月会而万物生，八月会而草木死，两维之间，九十一度十六分度之五而升，日行一度，十五日为一节，以生二十四时之变。" 意为夏至、冬至是阴阳二气转换的枢纽。二月的春分和八月的秋分，阴阳二气平均，日夜差不多同长。而二月是万物生长的季节，八月则草木开始凋零。如果把天球分为365度，则四季各有$91\frac{5}{16}$度，太阳每天运行1度，十五日就是一个节气，这样可以推出二十四节气。这里，《淮南子》清楚地指明了节气就是太阳黄道等分成二十四份得来的。

接下来《淮南子》则详细地描述了二十四节气：

斗指子，则冬至，音比黄钟。

加十五日指癸，则小寒，音比应钟。

加十五日指丑，则大寒，音比无射。

加十五日指报德之维，则越阴在地，故曰距日冬至四十六日而立春，阳气冻解，音比南吕。

……

加十五日指子。故曰：阳生于子，阴生于午。阳生于子，故十一月日冬至，鹊始加巢，人气钟首。阴生于午，故五月为小刑，荠麦亭历枯，冬生草木必死。

《淮南子》里的二十四节气，是从冬至开始，依次为小寒、大寒、立春、雨水、惊蛰、春分、清明、谷雨、立夏、小满、芒种、夏至、小暑、大暑、立秋、处暑、白露、秋分、寒露、霜降、立冬、小雪、大雪。这段记载，是现存文献里最早且最完整的关于二十四节气的记录，其中的节气名称，自汉代以来，一直沿用至今。（图1-21）

《淮南子》的这段记载，是从冬至开始的，并不是像今天一般的说

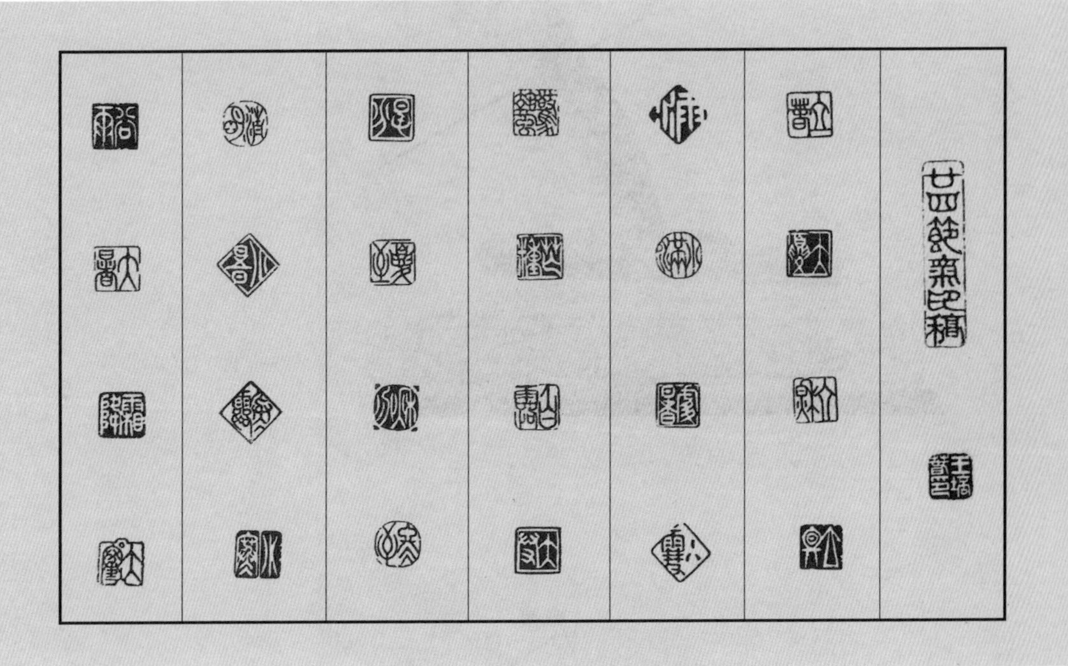

图1-21　二十四节气篆刻

法，是从立春开始。它说“斗指子，则冬至”。这里的“斗”，是指北斗的斗柄。从表面上来看，《淮南子》似乎是以“斗转星移”的方式来定节气的，但实际上，《淮南子》中所提节气始于冬至，便说明了二十四节气的最后确定，是以冬至测日影的影长为准。《淮南子》所述二十四节气的来源是实测，同时也参照了秦汉以前的物候学与星象学的结果。而另一本战国时期的古书《逸周书·时训解》也出现了二十四节气的名称及大量物

图1-22 日晷

圭表逐渐演变为日晷，可精确测定冬至的日影。

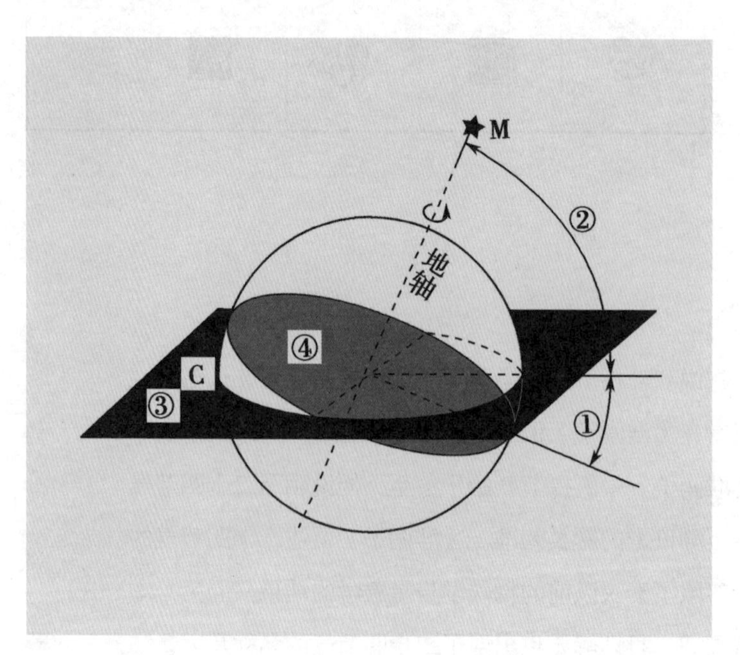

图1-23 现代天文学测定冬至的示意图

现代天文学测定，冬至日太阳直射南回归线（又称为冬至线），阳光对北半球最倾斜，北半球白天最短，黑夜最长。冬至过后，太阳又慢慢地向北回归线转移。

候学的记录，虽然这本书的真伪至今尚无法确定，但它也可以是一个有力的旁证，说明二十四节气在战国晚期应该基本上已经确立了。《淮南子》撰于西汉，它反映的正是西汉以前的成果。（图1-22）

《淮南子》记载了土圭测影的方法，它说：“八尺之景，修径尺五寸。景修则阴气胜，景短则阳气胜。”“景”通“影”，这是说夏至的时候八尺之表，影长为一尺五寸，这正是周朝初年的数据。从夏至开始，阴气渐渐增长，至冬至则阳气开始增长。这就是所谓的“冬至一阳生”。这就说明，节气的确立，是长期的天文观测再加上人们的体验，综合以后得出的。（图1-23）

《淮南子》中记载的二十四节气，历经2000多年，其名称毫无改变，节气的气候意义，节气名称本身也已表达出来了，而且它是建立在精密的天文定位基础上的，这是一项了不起的成就，所以有人说，二十四节气是堪比四大发明的第五大发明。

润物的歌咏

中国节气

2

寒来暑往

——节气的意义

记录自然的脉动

图2-1 北京中轴线的二十四节气石刻（严向群/摄）

二十四节气的名称，从西汉《淮南子》的时代开始，历时2000余年，一直为中国人所沿用。

二十四节气表达的是地球上生命现象的周期性规律。人作为地球上的生命体，自然也受到自然规律的制约。而人类正是因为对自然的体验与探索，才慢慢地摸索出了寒来暑往的规律，才发现了二十四节气的奥秘。

给一个事物取一个好听的名字是很不容易的，我们都有类似的经验，最难的事情，莫过于给自己的孩子取个好听、响亮，而且有深刻含义的名字。二十四节气的名称，历经数百年的变迁，最后定型于《淮南子》。这里我们不得不感叹，这些节气的名称不仅好记，而且好听，更重要的是短短两个字，把天地阴阳自然变化的现象表达得十分清楚。所以它才能流传至今而无任何改变。（图2-1）

我们先来看看这些节气的名称都有什么具体的含义。

立春：春天是万物蠢蠢欲动的时节，“春”通“蠢”，立是开始的意思，立春这个节气的名称，描述了一种万物复苏、大地回春的景象。所以，它是春天的开始。在古代的历法中，人们经常把立春作为一年的“岁首”，作为重要的节日，相当于今天的春节。

雨水：经历了少雨的冬天，立春十五日后，大地完全复苏了，太阳的照射越来越强，阳气熏蒸，冰雪消融，春雨沛然而下，雨水滋润着大地，草木发出了嫩芽。雨水这个节气，描述的正是大地上春雨绵绵、万物滋润的景象。

惊蛰：经过雨水的滋润，大地彻底苏醒了，阴阳二气交争，发而为雷。天空中春雷鸣响，惊醒了泥土里冬眠的昆虫和小动物，它们蠢然而动，爬出洞穴，开始觅食活动。惊蛰这个名称，形象而又生动地体现了地球生命的律动。

春分：到了春分这一刻，春天已经过去了一半，分也就是中分的意思。这一天昼夜相等，阴阳二气平均，天地间一派生机盎然。

清明：春分后十五天，自然界一派春光明媚，山清水秀，碧空如洗，春雨沛然，草木繁盛。清明正是对这种景象的最佳描述。

谷雨：春雨越下越多，谷物得到充足水分，雨生百谷，所以叫作谷雨。

立夏：夏天终于开始了，阳光更加充足，太阳照在人脸上已经有热辣辣的感觉了。

小满：满是饱满的意思，小麦等夏熟类的作物颗粒日渐饱满。

芒种：芒就是麦芒，这时可以收割麦子，抢种水稻，所以，有人说芒种就是抢收抢种的农忙的开始。

夏至：是一年中日影最短的一天，太阳的灼热让人难以抵挡，盛夏即将来临。

小暑：气候虽然炎热，但还没有热到极点，故以“小”名之。

大暑：这才是一年中最热的时节，赤日炎炎似火烧，暑热难当，无论是人类还是动物都要避暑纳凉。以“小”和“大”来形容暑热的程度，让人观其名而感同身受。二十四节气中的小寒、大寒、小雪、大雪，都是同样的表述方法。

立秋：秋天悄然而至，也许还会有秋老虎，但从这一天开始，阴阳二气的消长已经发生了变化，此后气温开始逐渐下降了。

处暑："处"有藏的意思，秋天虽然开始，但暑热并未全消，只不过从这天开始，秋气渐凉，人们不用再担心秋老虎的肆虐了。

白露：这是一个颇有诗意的名字，《诗经》中就有"白露为霜"的句子。此时地气阴阳不均，夜间寒气较重，地面水汽便会在草木上凝为露珠，这是天气进入秋凉的象征。

秋分：跟春分一样，是秋季九十天的中分点，这一天昼夜相等，随之则阳消阴长，日短夜长。

寒露：秋凉如水，入夜寒气袭人，由于昼夜温差较大，草木上凝结成冰冷的水珠，时节已经进入深秋。

霜降：寒露后十五天，早晨起来，会发现地面上有一层白白的细霜，说明气温又已接近零摄氏度，水汽遇冷而凝。

立冬：这是冬天的开始，日照时间越来越少，阳气渐微，时令转入冬季。

小雪：北方有些地方已经开始下雪了，但雪量还不大。

大雪：随着天气渐冷，雪下得越来越大，次数也越来越多了。

冬至：这一天日影最长，白天最短，黑夜最长，天地间的阴寒之气达到极致，物极必反，这一天，阳气也开始增长了。

小寒：天寒地冻，但还没有达到极冷。

大寒：寒冷到了极点，这是一年中最冷的时节。（图2-2）

这二十四节气的命名，不仅描述精确，而且生动传神，即使是不识字的农夫，也能一听就明白，一听就记住。不禁让人感叹中国语言文字的奇妙与古人的聪明智慧。它深刻反映了天地间阴阳消长的规律，如果你闭上眼睛，将这二十四个精练、精准而又通俗易懂的名称在脑海里默默地吟诵一遍，也许你便能感受到自然的脉动，体会到天人合一的神奇境界。

图2-2　二十四节气摄影作品(第30－33页)(青简/摄)

照片表现不同节气时的自然景观。

青简，本名周洁，医生、摄影师。其文字及摄影作品曾在多家媒体发表。并出版个人摄影文集《江南》。

立夏
小满
芒种
小暑
大暑
夏至

秋分
立秋
处暑
白露
寒露
霜降

冬至
小寒
大寒
小雪
立冬
大雪

表达生命周期

生命的奇妙之处，就在于周而复始，生生不息。我们的祖先很早就通过直观体验和客观测量，找到了生命变化的根本原则，就是天地之间的阴阳交替，正所谓“孤阴不生，独阳不长”。没有太阳，便没有阴阳，所以太阳的运动是核心，一年四季的变化，是太阳运动的结果。而“气”则是阴阳运动的载体与表现形式。人们生活在大自然中，能够感受到天地间阴阳之气的消长变化，所以古人早就有了“分至启闭”这样形象描述阴阳二气运动变化的词汇。实际上，节气表达的是自然的生命周期，是我国先民们经过长期的观察而得来的对自然现象的精确描述。（图2–3）

图2–3　19世纪，道教天气手册中关于阴阳的绘画

画中的火为阳，云为阴。

我们把二十四节气排成一张表，就会赫然发现其规律性。虽然《淮南子》的二十四节气始于“冬至”，但今天，人们习惯于从立春开始排列二十四节气，我们将其分为四组，每组又分为前后两半：

立春，雨水，惊蛰，春分，清明，谷雨；

立夏，小满，芒种，夏至，小暑，大暑；

立秋，处暑，白露，秋分，寒露，霜降；

立冬，小雪，大雪，冬至，小寒，大寒。

按照这种排列，我们一眼就能看出四季打头的四个“立”，这四“立”表明春夏秋冬的开始；后半节的“春夏秋冬”也是一目了然，它们对应的就是“二分、二至”。这八个节气，就是四季八节。虽然它们的最初确定更多的是来自天文而非物候，但它们所表现的，正是大自然春生、夏长、秋收、冬藏的规律，四季轮回，草木枯荣，周而复始，表达得十分明确。（图2-4）

图2-4 《麦生日》，出自《每日古事画报》

浙江地区流行麦生日，民众借此祈求丰收。

节气与生命周期的关系，是通过阳光与水的循环来表达的。

生命的生长离不开阳光，太阳的照射直接影响地球的气温，二十四节气中有五个节气直接表达气温的变化。小暑、大暑、处暑是炎热夏季的暑热，小寒、大寒是寒风凛冽的冬天的寒冷，它们都是由北半球的日照时间所决定的。从天文角度看，夏至日视太阳最高，冬至日视太阳最低。

但我国的最热时期不在夏至前后，最冷的时期也不在冬至前后，这是为什么呢？因为大地吸收热辐射和释放热量之间是有一个时间周期的，太阳带来的热量在广阔大地被慢慢吸收，过了一段时间后才会释放出来，这就是我国最热的时期是在夏至后十五到三十天的原因。小寒、大寒的气温变化，也是基于同样的原因。

水是生命的基本物质，自然界的一切都离不开水。二十四节气中，有五个节气是直接跟水的循环有关的。立春之后，有雨水、谷雨两个描述降雨的节气，雨水是初雨，而谷雨是大量的降雨；白露、寒露、霜降，描述的是水汽凝结的状态，或为露，或为霜；而小雪、大雪当然也与水的循环有关。

图2-5 小满已过，芒种将至时的麦子

小满时麦穗开始充实，芒种时就到了收获的时节。

而直接描述动物生命规律活动的节气是惊蛰，天上雷声震震，地上虫蛇蠢蠢，春天的活力体现在动物身上，复活，苏醒，活跃，生命的节律再次启动。而这种生命的力量体现在植物，特别是谷物的身上，则是小满、芒种两个节气。小满时麦穗开始充实，芒种是有芒的谷物到了收获的时节，年年岁岁，绝无例外。（图2-5）

人们对自然现象的变化体验，不仅是寒热温凉，更多的是对自然界的花草树木的感知，正如一首流传至今的歌谣所载，随着节气的变化，一年之中，世间草木正是一种春生、夏长、秋收、冬藏的景象。

立春梅花分外艳，雨水红杏花开鲜；
惊蛰芦林闻雷报，春分蝴蝶舞花间。
清明风筝放断线，谷雨嫩茶翡翠连；
立夏桑果像樱桃，小满养蚕又种田。
芒种玉秧放庭前，夏至稻花如白练；
小暑风催早豆熟，大暑池畔赏红莲。
立秋知了催人眠，处暑葵花笑开颜；
白露燕归又来雁，秋分丹桂香满园。
寒露菜苗田间绿，霜降芦花飘满天；
立冬报喜献三瑞，小雪鹅毛片片飞。
大雪寒梅迎风狂，冬至瑞雪兆丰年；
小寒游子思乡归，大寒岁底庆团圆。（图2-6）

岁岁枯荣的是草木，年年绽放的是花卉，春华秋实的是五谷，生老病死的是生命。四季轮回，岁月如梭， 唯一不变的，就是那日月的东升西坠，阴阳的此消彼长，气候的温暖寒凉，万物的生长收藏，正如古人所说，天不变，道亦不变。那不变的道，不正是节气的循环流注吗？

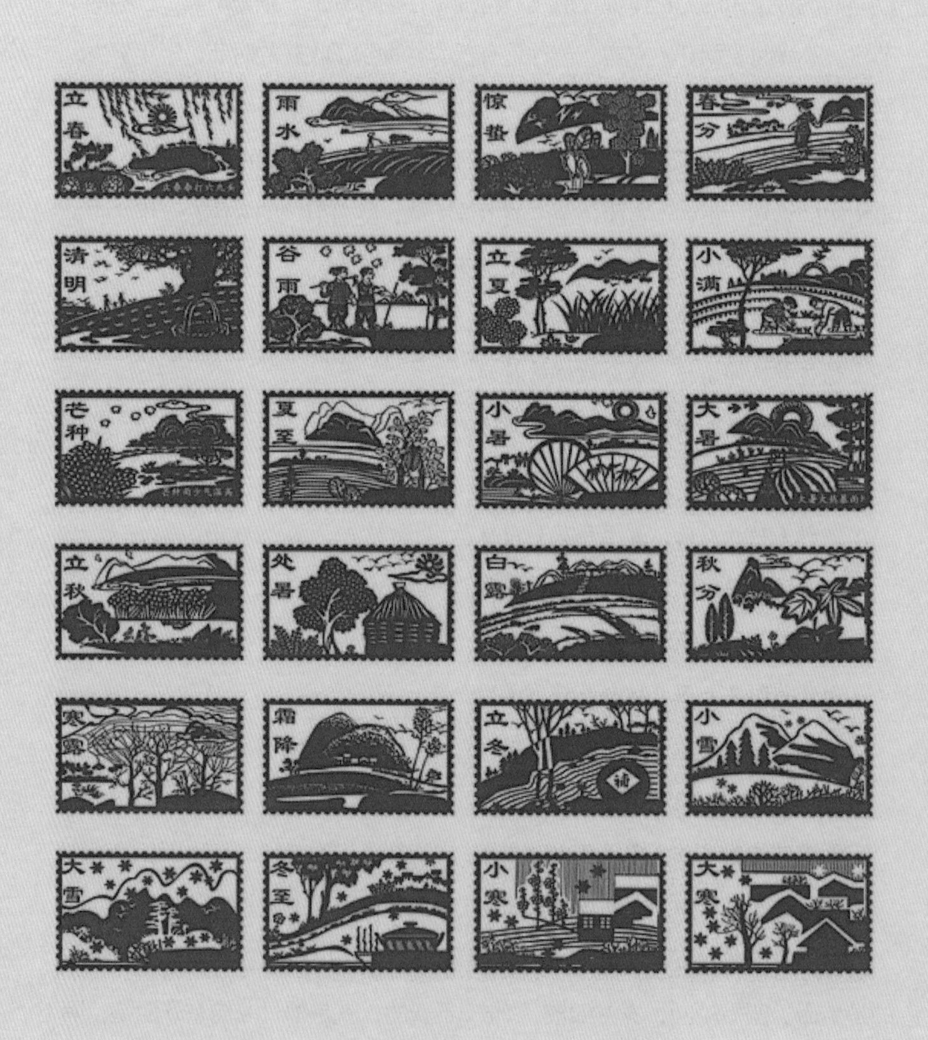

图2-6　二十四节气剪纸

指导农业生产

对于中国这样一个有着五千年农业文明的国家，面朝黄土背朝天的农民们基本上是靠天吃饭的。所谓“看天看地种庄稼”，春种、夏长、秋收、冬藏，每一个重要的农时，都不容错过。人误地一天，天误人一年，其实这就是先民们归纳节气特点的真正内在需要。所以说，二十四节气的最大作用，莫过于对农业的指导。

二十四节气就是“天时”的代表。在古代的中原，也就是今天的黄河中下游地区，农业文明之所以能够不断地发展，归功于人们对“天时”的准确认识。在先秦的“诸子百家”中，其中有一派便是“农家”。按今天的话来说，就是专门从事农业生产研究的学问家，他们提出“贵农”的思想，特别重视农业生产，对土壤的质地、施肥的方法、播种的季节、农田的管理等，都有许多论述，甚至形成了一本专门的农学著作——《后稷农书》。虽然此书早已失传，但从《管子》《荀子》《吕氏春秋》等书中还能窥见一鳞半爪。例如《荀子》中提出了要“积地力于田畴，必且粪溉”，也就是说要采取“多粪肥田”的方式来改造土壤，再充分利用气候的条件，进行精耕细作，就能够“一岁而

图2-7 《牛耕》，北魏画像砖

再获之”，也就是能够做到一年两熟。肥沃的土地再加上顺应天时，是农耕的法宝。正如《韩非子》所说：“非天时，虽十尧而不能冬生一穗。”有十个像尧那样的圣人又有什么用呢？他能让冬天长出一株麦穗来吗？当然不能。这种“以农为本”的思想，在后来的北齐贾思勰的《齐民要术》里说得更加清楚：“顺天时，量地利，则用力少而成功多；任情反道，劳而无获。”所以农业生产的第一要务就是明天时，知节气。（图2-7）

中国的农民大多不识字，关于节气的知识主要是靠一代一代地口口相传，这就是历史悠久、流传极广的“农谚”。这些谚语虽然在文人学士的眼里毫无文采可言，但它们朗朗上口，通俗易懂，更重要的是准确精当，可以直接指导农业生产。几千年来的农业文明之所以能够不断延续，也许跟这些农谚是分不开的。而其中的核心部分，便是关于节气的内容。正如古老相传的谚语：不懂二十四节气，不会管园种田地。

俗话说“一年之计在于春”。在经历了漫长冬季的休养生息之后，勤劳的农民在春天将到未到之时，便要着手准备一年的生计了。首先是准备好耕牛，就像农谚所说：春打六九头，七九、八九就使牛。九九未尽之时，便要对耕牛精心养护。耕牛对农民来说，是第一生产力。种田要精耕细作，所以春天降临之际，第一件事就是喂好牛，磨好犁。不管春寒雨飕飕，有时还会飘来一场春雪，但无论如何，农时可是耽误不起的，从立春开始，家中的男丁们就要下地了。

立春，标志着大地复苏，万物萌生。立春一日，百草回芽。不过十来天，春雨悄然而至，土地得到滋润，呈现出勃然的生机来。“春雷响，万物长”，惊蛰，是春耕开始的日子。唐诗有云：“微雨众卉新，一雷惊蛰始。田家几日闲，耕种从此起。”农谚也说：“过了惊蛰节，春耕不能歇”“九尽杨花开，农活一齐来。”首先要耕田犁地，万物土中生，要得宝，土里找。祖上传下来的精耕细作是法宝。“惊蛰不耙地，好比蒸馍走了气。”这个比喻十分贴切，蒸馍要是走气，蒸出来的是夹生馍，耙地要是耙得不及时或是不透，土地的水分就要蒸发，水和肥料都留不住，种出来的庄稼也不会丰实。（图2-8）

“清明前后，种瓜点豆。”这是一个播种的节气。大江南北长城内外，稻田里已是一片繁忙。早稻栽插要及时，玉米、高粱、棉花都要适时播种上。芒

图2-8 《春耕》局部，清代《耕织图》

《耕织图》是我国古代所特有的一种将农业生产过程绘成连环画，并配以诗文加以说明的图。

图2-9 《播种》局部，清代《耕织图》

图2-10 《插秧》局部，清代《耕织图》

种是很忙的节气，“芒种不种，再种无用。”“芒种芒种，样样都种。”“芒种”与“忙种”谐音，人们一听便能明白。（图2-9）（图2-10）

小暑、大暑，气温渐高，农民们可以在绿树浓荫下稍事休整了。“立秋之日凉风至。”收获的季节要来了。处暑已经是收获中稻的大忙时节。“白露天

图2–11 《收割》局部，清代《耕织图》

气晴，谷米白如银。”过了秋分，又是秋收、秋耕和秋种的“三秋”时节。春种一粒粟，秋收万颗粮。忙碌与收获的喜悦相伴，人们终年的劳作，为的就是一个丰收的年景。（图2–11）（图2–12）（图2–13）

二十四节气最早发源于黄河中下游地区，随着历史的变迁，逐渐传播到中国各个区域。各地的农谚反映的气候现象略有不同。我们先看一首流传于黄河中原地区的农谚：

立春阳气转，雨水沿河边，惊蛰乌鸦叫，春分地皮干，
清明忙种麦，谷雨种大田；立夏鹅毛住，小满雀来全，
芒种开了铲，夏至不拿棉，小暑不算热，大暑三伏天；
立秋忙打甸，处暑动刀镰，白露烟上架，秋分不生田，
寒露不算冷，霜降变了天；立冬交十月，小雪地封严，
大雪江封上，冬至不行船，小寒近腊月，大寒整一年。

图2-12 《打场》局部，清代《耕织图》

图2-13 《收仓》局部，清代《耕织图》

这首《二十四节气气候农事歌》，简明地表达了农民一年四季的生活，既有气候特征的描述，又有农事的指导，非常实用。而下面这首流传于淮河流域的农谚，则又有地域上的特色：

一月有两节，一节十五天；立春天气暖，雨水粪送完；

惊蛰快耙地，春分犁不闲；清明多栽树，谷雨要种田；

立夏点瓜豆，小满不种棉；芒种收新麦，夏至快犁田；

小暑不算热，大暑是伏天；立秋种白菜，处暑摘新棉；

白露要打枣，秋分种麦田；寒露收割罢，霜降把地翻；

立冬起完菜，小雪犁耙闲；大雪天已冷，冬至换长天；

小寒快买办，大寒过新年。

其实，各地的农谚由于气候的不同，及所种作物的不同，都会有很大的差别，这正是农民们多年以来的经验总结。世世辈辈的中国农民，正是靠着这种口口相传的谚语，年年耕作，岁岁收获，所以说，“种田无定例，全靠看节气”，对中国这样一个农耕社会来说，节气的重要性不言而喻。

润物的歌咏

中国节气

3

调和阴阳

——节气与历法

中国农历

说到历法，人们自然会想起中国的农历。虽然我们现行的是国际通用的公历，也叫《格列高利历》，但中国人的历书中往往保留了另一套传统历法，也就是农历。在很多人的心目中，二十四节气似乎是和农历画上等号的，其实这是一种误解。虽然历法的编订看起来比节气的最后确定（西汉年间）要更早，但实际上，中国的历法从最初的起源，便离不开节气。（图3-1）

司马迁的《史记》里有一篇《天官书》，是研究汉代以前天文学最为重要的史料。其中有一句说道："吴楚之疆，候在荧惑（火星），占于鸟衡（柳星）。"吴楚是南方，当时

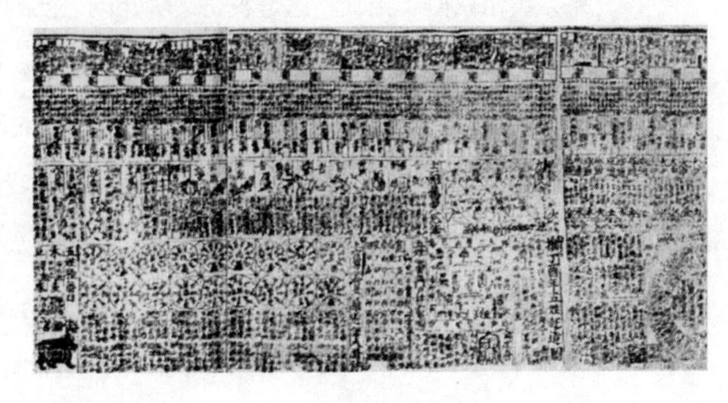

图3-1　唐代历书，唐僖宗乾符四年（877年），英国大不列颠博物馆藏

中国现存最早的印本历书。

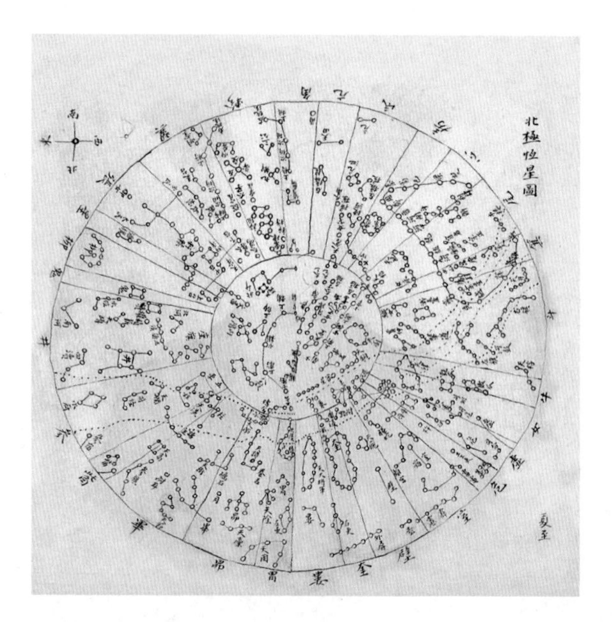

图3-2 清抄本《天文图》

该图表现了中国古代天文学的三垣五星二十八宿的星象体系。右下角的“夏至”表示这是夏至时的天象。

是炎帝的疆域。当时南方的先民已经在“物候历”的基础上有所发展。人们已经学会了观星，发现一年四季中，天上星宿的位置是不同的。这样发展出了三垣五星二十八宿的星象体系。南方的炎帝与北方的黄帝大战于阪泉之野，结果，黄帝获得了胜利。这是农耕文明开创之初的一场大战。战争的结果改写了中国的历史，其中对农耕文明影响最大的一项，就是北方的黄帝获得了南方的天文历法知识，从而建立起了后来流传千年的农历。（图3-2）

从本质上说，二十四节气就是一部历法。我们前面说过，远古时代的先民首先认识到的是一年四季的变化，然后是四时八节，最后才是二十四节气，如果把15天作为一个周期，一月有节气、中气，合起来是30天，一年12个月，为360天，与一个回归年的365天只差了5天，稍加调整，也可以形成一部历法。但是，中国古人为什么没有采用这种“阳历”呢?

这是因为中国人对于月亮的阴晴圆缺也格外地重视。月亮的变化周期，对先民来说，象征着一个十分重要的轮回。古人看到新月像一弯蛾眉，然后渐渐地丰满，一天一天地长大、长圆，当一轮皎洁的圆月挂在夜空，人类自然地会生出某种感应，然后它又开始残缺，最后消失。这种“晦、朔、弦、望”的过程，是一个自然的周期性轮回，人们把它叫作“月”。新月长成半圆形，“其形一旁曲，一旁直，若张弓弦也”，所以叫作“弦”；长成了圆形，叫作“望”；以后又亏缺成半圆形，也叫作“弦”。“望”之前叫上弦，“望”之后叫下弦。接着变得细小以至消失，暗夜无光，叫作“晦”。过几天，天上又出现了一勾新月，叫作“朔”。这就是“朔望月”。正如苏东坡的名句：“人有悲欢离合，月有阴晴圆缺。”月亮的“晦、朔、弦、望”，对于人类来说，是十分明显的天文现象，当然，也是一种不得不考虑的重要规律。（图3-3）

图3-3　月相变化示意图

图3-4 罗马教皇格列高利十三世

1582年，教皇格列高利十三世在《儒略历》的基础上改革历法，颁布了《格列高利历》，这就是我们今天通用的阳历。

其实，如果单纯从农业生产的角度来考虑，毫无疑问，以二十四气为骨架，纯粹以太阳的视运动规律来编制一个365天的太阳历，更加易于反映气候的变化与节气的更替。西方虽然没有发明二十四节气，但他们根据太阳的视运动也编制出了阳历，也就是今天通行的公历，又叫《格列高利历》。（图3-4）

中国古代的历法走的是一条独特的路，它是一种阴阳合历。也就是说，既要考虑阳历的节气，又要考虑月亮的阴晴圆缺，把阴历与阳历调和在一起，编成历表，被称为“农历”。其中年的日数取自太阳的周期，即一个回归年的长度，为$365\frac{1}{4}$天，叫作“岁实”，而每个月的日子是月亮朔望的周期，大月30天，小月29天，两相协调编制出一个“阴阳合历”来。但阴阳合历有一个不可调和的矛盾，即月亮的周期与太阳的周期是无法吻合的。我们知道，月亮绕地球的运转周期为27.32166天，地球绕太阳的运转周期则为365.242216天，这两个数互除不尽。这样，以12个月来配合二十四节气的阴阳合历始终存在矛盾。虽然我们的祖先很早就采用了闰年、闰月的办法来进行调整，但是置闰的方法非常繁复，而且，即使有了闰年、闰月的调整，历日与节气脱节的现象还是时有发生。一部历法使用的时间稍长，便会出现节气与上一年某月的日期越来越远的问题。这就是为什么中国古代的农历中，每年二十四节气都在不同的月份中的不同日子，就像中国农历中每年的春节都在不同的日子一样。这也是中国古代的历法经常要重新修订的原因，比如西汉用《四分历》，唐代有《大

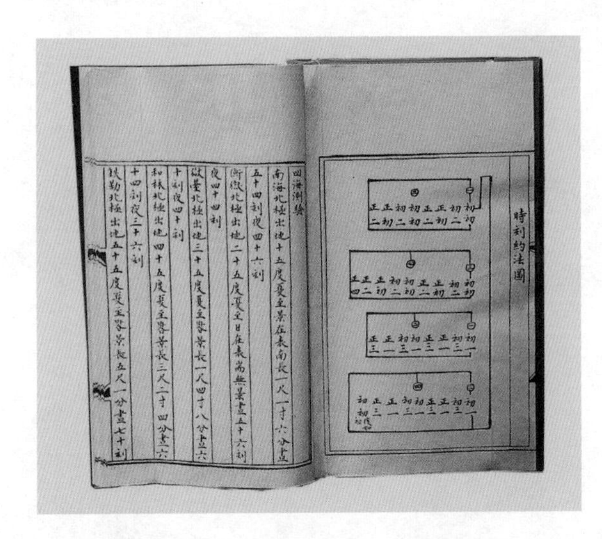

图3-5 元代历法《授时历》（复制品），北京首都博物馆藏（孔兰平/摄）

郭守敬（1231—1316年）主持修订的《授时历》计算方法简易，准确程度高，比现行公历的使用早300年左右。

衍历》，元代有《授时历》，直到明末的徐光启与传教士共同修订了《崇祯历书》，中国的历法中才有了西方的天文学。农历因为要考虑到阴历与节气的配合，所以才会不断地变动，才会要计算闰月与闰年，使得修订历法成为一项十分复杂的工程。

（图3-5）（图3-6）

图3-6 《崇祯历书》书影

明代科学家徐光启（1562—1633年）编著的《崇祯历书》。全书共46种137卷，分节次六目（日、恒星、月离、日月交食、五纬星和五星凌犯）和基本五目（法原、法数、法算、法器、会通）。

节气注历

翻开任何一本“老黄历”，你都会发现二十四节气。历法中必须在每个月标明二十四节气所在的日子，这便是“节气注历”的传统。所谓“注历”，就是将节气在历日中的位置标注出来，没有节气的历法，不称为历法。由此也可以看出，节气是历法的基本要素。

在一个朔望月中有两个节气，在月首的是节气，在月中的就叫中气。比如农历四月初的立夏叫作“四月节”，月中的小满叫作“四月中”，后来随着时间的推移，人们把节气和中气的概念简化成节和气，所以节气一词应是节和气两个概念。一年有二十四个节气，计十二个节、十二个气，即一月之内有一节一气。以夏季为例：立夏四月节，小满四月气；芒种五月节，夏至五月气；小暑六月节，大暑六月气。（图3–7）

在历法的编制过程中，约每34个月（2年10个月），必遇2个月仅有节而无气和有气而无节。有节无气的月份即农历的闰月。即如农历乙丑年，五月只有小暑这个“节”，而无大暑这个“气”，就是闰月。闰月的设定完全是为了迁就月亮周期而做的调整，后来人们发现，19年间可以设置7个闰月，这样便能

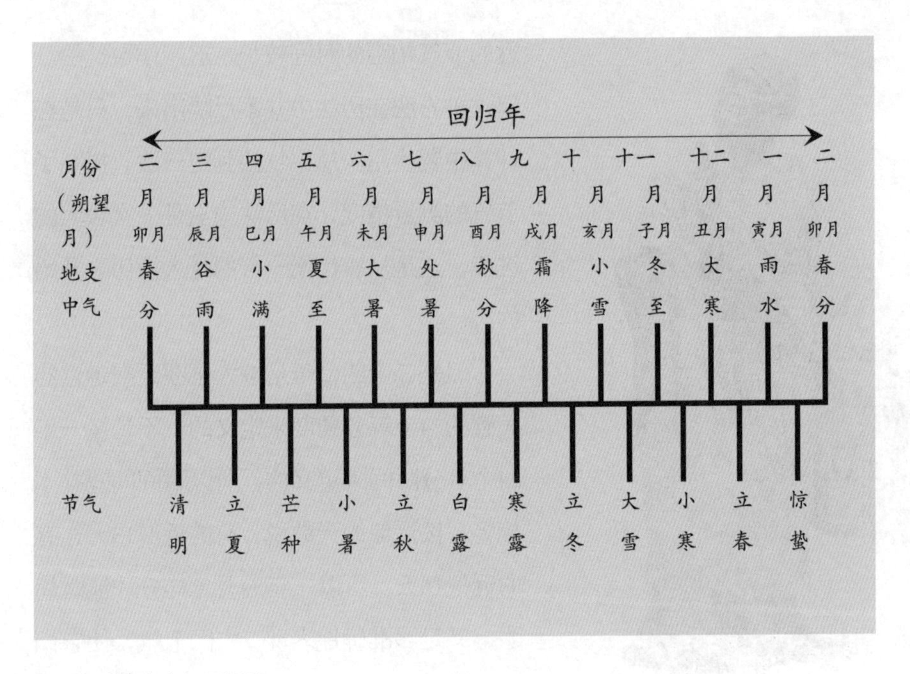

图3–7　节气与中气示意图

使节气与阴历月相配合，以保证节气在月份中的日子不至于差得太远。

编订历法最关键的数据是冬至时刻的测定，其次便是岁实，也就是回归年长度的测定。然后便是在一个朔望月内安排两个节气，即月首的节气与月中的中气。公元前104年，由邓平等制定的《太初历》，正式把二十四节气订于历法，明确了二十四节气的天文位置。自此以后，几乎所有的历法都承袭了这个传统。而节气的测定，对历法的编制也是至关重要的。在汉代以后，一般采用的是“平气法”。平气法就是确定太阳在周天轨道上运行的规律为“日行1度”，这样每一节气之间的长度固定为15.2天。但是后来人们发现太阳的视运动在一年中并不是匀速的，而是在春分之后略慢，秋分之后较快，这就需要用计算来解决问题了。也就是说，冬至附近的节气相距时间较短，而夏至附

图3-8 僧一行（683—727年），本名张遂，魏州昌乐（今河南省南乐县）人。图为吉林白城华严寺塑像

唐代杰出天文学家，在世界上首次推算出子午线纬度一度之长，编制了《大衍历》。

近的节气相距的时间较长，这叫作定气法。但这种方法在历法中并不反映出来，只是在计算中要使用。从平气法到定气法，提高了节气的测量精度，在历法史上是一次较大的进步，这是从唐代僧一行的《大衍历》开始的。（图3-8）

但是二十四节气是按太阳在天空走过的大圆的24个等分角度来定义的，不是按一年24个等分时间来定义的，所以时间间隔并不相等，按近似的天数说，有的近似15天，有的近似16天。所以一年的月怎样分才能既简明，又足够准确地表现二十四节气，使它们排列得具有最简单的规律，让人容易记忆掌握，这是设计历法的重要任务。

四季八节是二十四节气的骨架，也是历法的骨架。其他16个节气则是骨架上的枝条。它们的用处是天文四季通向气象四季的桥梁。

今天，当我们翻开台历，会发现，二十四节气标注在公历日期之下。其实在中国的农历中，朔望月是阴历，而二十四节气则代表了太阳的周期，所以属于阳历。中国古代的“阴阳合历”是以节气确定日与年，再加上月亮的周期，年、月、日三者放在一起，形成历法的基本结构。当我们明白了二十四节气的天文意义之后，就知道二十四节气在历法的编制中是多么重要了。

历法的革命

1072年，北宋大科学家沈括（图3-9）担任了政府的提举司天监，也就是皇家天文台的台长。沈括与那个时代其他的官员不同，他十分热衷于自然科学知识。他晚年的笔记《梦溪笔谈》可以说是古代中国的科技百科全书，像四大发明之一的“指南针”，就被记载在这部书里。这位被英国著名的科学史家李约瑟（Joseph Needham）誉为“中国科学史上的奇人”的北宋科学家，执掌司天监之后，便开始了大

图3-9　沈括（1031-1095年），字存中，杭州钱塘（今浙江杭州）人

宋代杰出的科学家，于天文、方志、律历、音乐、医药、卜算均有建树。他曾出使契丹，将走过的山川道路，用木材制成立体模型。在物理学上对“磁偏角”“凹面镜”“共振”等作出了自己的解释与证明。化学上“石油”这一名称，始于《梦溪笔谈》，一直沿用至今。

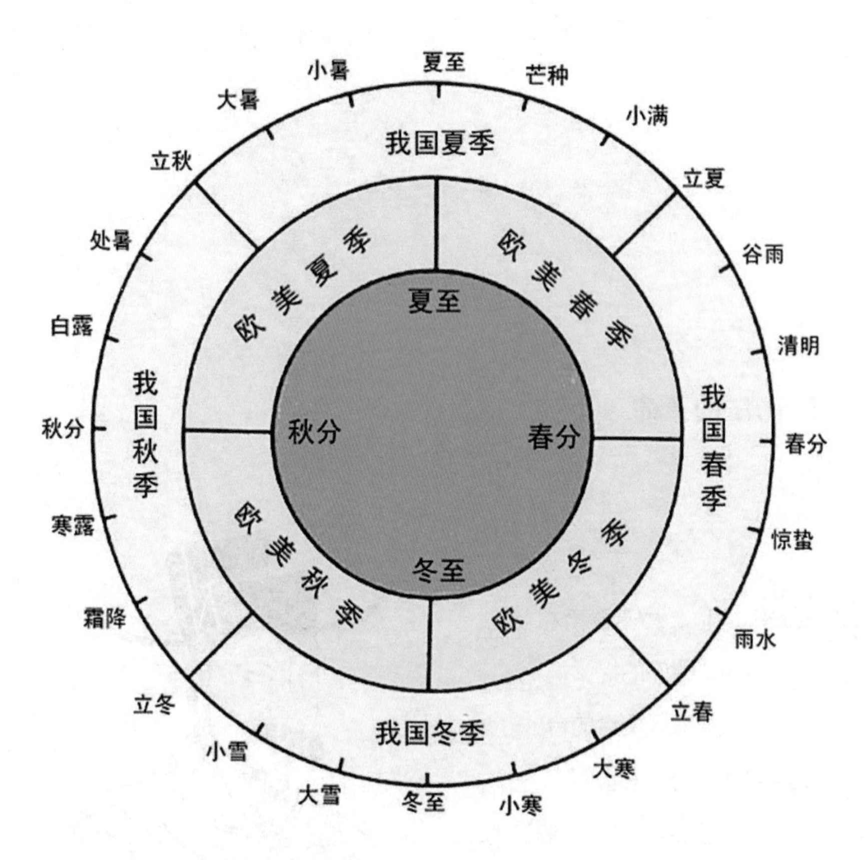

图3-10　二十四节气与四季示意图

刀阔斧的改革，并受宋神宗的委托，修订新的历法。作为知识渊博的大学者，沈括当然熟知二十四节气。当他受命重新修订历法的时候，早已经对历代历法进行了仔细的研究，发现了当时历法中的诸多问题。由于中国的农历是阴阳合历，需要协调太阳周期与月亮周期的矛盾，使得历法的修订一直面临着合理置闰的问题。沈括非常清楚的是，年与月的矛盾，就是回归年（岁实）与月亮周期（月建）的矛盾。正像他说的："闰生于不得已，犹构舍之用磾楔也。自此气朔交争，岁年错乱，四时失位，算数繁猥。"而解决这一矛盾的最佳方法，就是取消阴历的月，代之以阳历的月，也就是以二十四节气来代替月份。因此他便想做一个天文史上最重大的改革，即完全采用二十四节气来排出一个新的历表。但是司天监和朝廷的保守官员极力反对。因为在中国，天文历法，向来被认为是国家最为重要的大事，而中国自春秋战国以来，便以"月令"思想来统治国家，某月某日当行某事，是所谓的"祖宗旧制"，轻易改不得。传统的力量如此巨大，在经历了重重阻挠之后，他不得不放弃了那个革命性的历法思想。

但在他晚年所著的《梦溪笔谈补录》里，不无遗憾地记录了那个冠绝古今的革命性的历法思想——《十二气历》。这里的"十二气"，便是二十四节气里面的"十二节气"。（图3-10）

沈括的想法很简单，就是以十二节气，作为一年12个月的月首，而十二中气，正好相隔15或16天，这样二十四节气便可以均匀地安排在每个月的月初及月中，可以形成一个以30天为小月、31天为大月的，简单而规则的12个月，恰好合于一年365天之数，这就是地球绕太阳公转一周的回归年，古人称为"岁实"。这个历法既简便，又合于天象，实在是一个创举，而且在历法中充分地体现了二十四节气，即使是一个目不识丁的老农，也可以掌握。

稍微细心一点儿，你就可以发现，这个历法与我们今天的公历是如此相似！

我们前面已经说过，二十四节气是根据太阳的视运动来划分的，那么《十二节气》制订历法的原则，便是一种纯粹的太阳历。

沈括的历法思想简单实用，且很有规律。它是二十四节气的具体运用，因为从本质上讲，二十四节气还可以被看成是一个简单的农事历。

沈括的这种思想，也许是得益于由他推荐引入司天监的民间盲人天文学

图3-11　《梦溪笔谈》，大约成书于1086－1093年，沈括著，明汲古阁刻本书影，中国国家博物馆展（孔兰平/摄）

《梦溪笔谈》共有30卷，分17类609条，共十余万字，涉及古代自然科学所有的领域。

家卫朴。卫朴是一个奇人，他能够背诵一种叫作“旁通历”的民间历法，沈括在《梦溪笔谈》是这样描述卫朴的神奇历术的：“‘傍通历’(即“旁通历”)则纵横诵之。尝令人写历书，写讫，令附耳读之，有差一算者，读至其处，则曰：‘此误某字。’其精如此。”这种“旁通历”，实际上是流传于佛教及道教中的以二十八宿来注历的民间历法，因为它排列规整，可以形成一个可以纵横诵之的历表，所以盲人卫朴才能够以此来精确地推算历日。（图3-11）

沈括和卫朴在司天监最终修订了一份使用时间极短的《奉元历》，这份历书的前面有沈括的序言，可惜已经失传了。我们无法得知，沈括究竟做了怎样的改革。

仅就他晚年的笔记，我们也能够了解《十二气历》的原则。

沈括自己举了一个例子来说明他的《十二气历》，他说：“借以元祐元年为法，当孟春小，一日壬寅，三日望，十九日朔；仲春大，一日壬申，三日望，十八日朔。如此历日，岂不简易端平，上符天运，无补缀之劳？”这段话是说，如果以元祐元年为例，立春日为每年的正月一日，春天分为孟春、仲春、季春，大小月间隔，大月为31天，小月为30天，每月配2个节气，形成一个12个月、24个节气、365天的新历法，而月亮的阴晴圆缺，则以“注解”的方式写在历表中。这样的历法，真正做到了合于天象，又能够指导农时，是真正地以二十四节气作为制订历法原则的太阳历。

这样的好历法，竟然无法施用，真令人扼腕叹息。沈括最后在笔记中说：

“今此历论，尤当取怪怒攻骂，然异时必有用予之说者。”

这个预言竟然果真实现了。清朝晚期的太平天国政权颁布的《天历》，其原理竟然与《十二气历》完全一致。不仅在中国，就是20世纪30年代英国气象局颁行的用于农业气候统计的《耐普尔·肖历》，也是节气位置相对固定的纯阳历，其实质与《十二气历》也是一样的。很显然，《十二气历》是一种非常先进的历法，甚至在月份的设置上比现行公历更为合理。这是中国与世界历法

史上的一次革命性突破。

沈括的《十二气历》虽然没有得到实行，但他的这种以节气制订历法的思想，确实是非常具有革命性的。这也反映了二十四节气在历法中的重要作用。

（图3–12）

值得一提的是，虽然在八节之间插入十六个节气，形成二十四节气，是用来描述中国黄河流域的气象和物候的，但其实它是可以在任何地区都通用的，世界任何地区都可根据各地的气象和物候特征模仿为这十六个节气取适当的名称，就像世界时和地区时的关系一样。所以，以全球的眼光来看，二十四节气实际上全世界都能够适用。

（左）图3–12　紫檀北极恒星图时辰节气钟，清光绪年间（1875－1908年），中国苏州制造，北京故宫博物院藏（孔兰平/摄）

润物的歌咏

中国节气

4

万物交感

——节气与物候

物有其时

在古人的观念里，天地之间，元气充盈，阴阳消长，四时行焉，万物生焉。宇宙天地与人间万物，存在着某种看不见、摸不着，但又奇妙地互相影响、互相牵制的关系，这就是感应的思想。仿佛有一只看不见的手，在暗地里操纵着地上的一切生命体，这种潜在的自然力量，莫不与节气的规律有着密切关系。

古人很早就感知并研究大自然的变化规律，其中最原始的，也是最直接的就是物候的变化。我们前面说过，节气起源于先民对物候的观察，后来又结合了天文实测，才最终确定。这些成就，都体现了远古时期的万物交感思想。就像磁石能够吸铁，玳瑁能够拾芥，天地万物之间，存在着某种特殊的感应力，而在自然现象中，阴阳之气的盈虚消长，在物候的变化上能够得到最明显的反映。所以说，物候是大自然规律的语言密码。《诗经》有言："物其有矣，唯其时矣。"说的正是这种规律性的物候变化。（图4-1）

中国古代关于物候与天时的最早且较为详尽的记载当推《夏小正》。我们先来看一段《夏小正》关于正月的记载："正月，启蛰。雁北乡，雉震呴，鱼

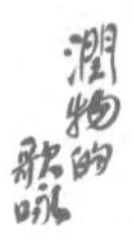
潤物的歌咏

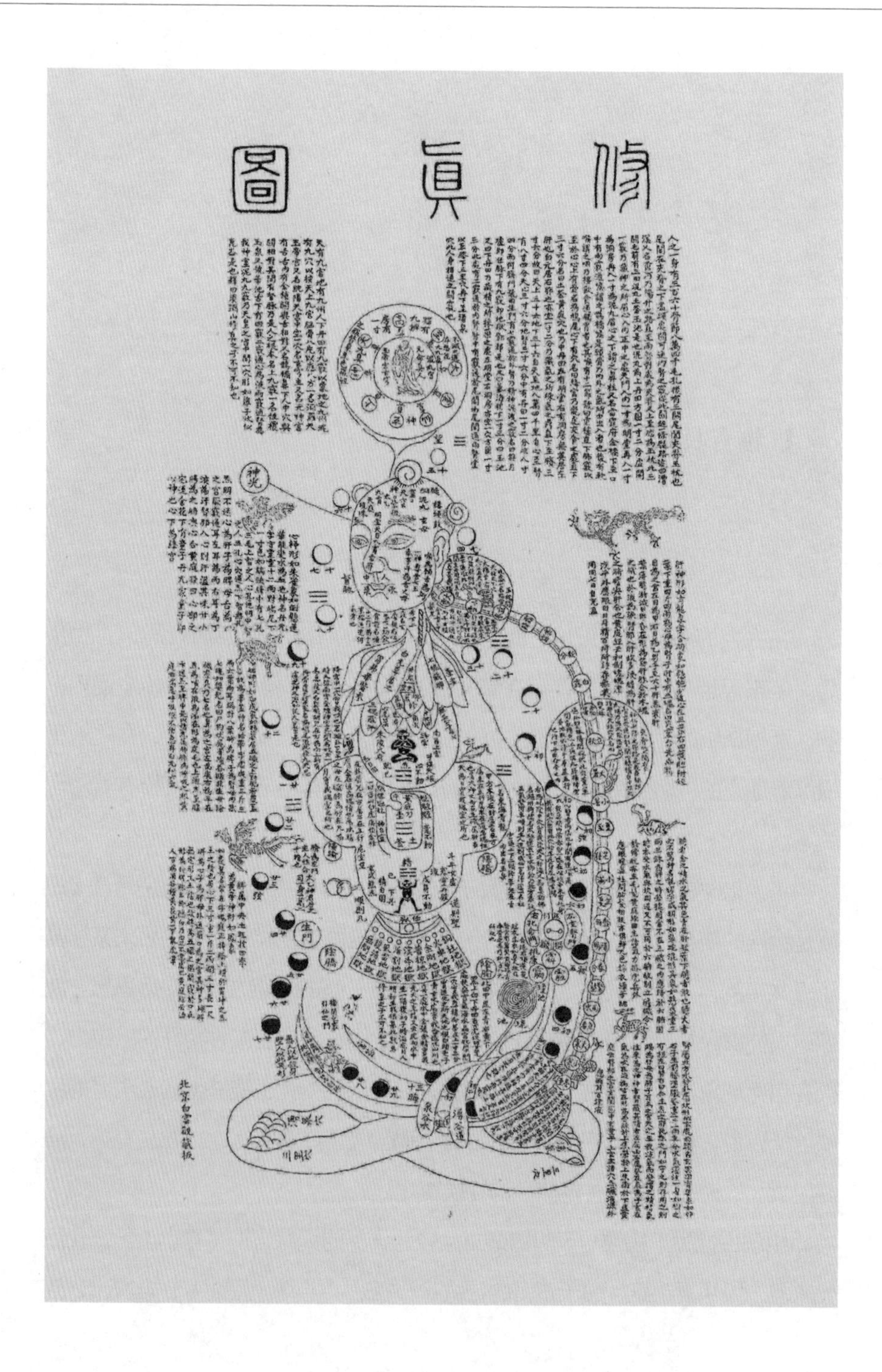
修真圖
北京白雲觀藏板

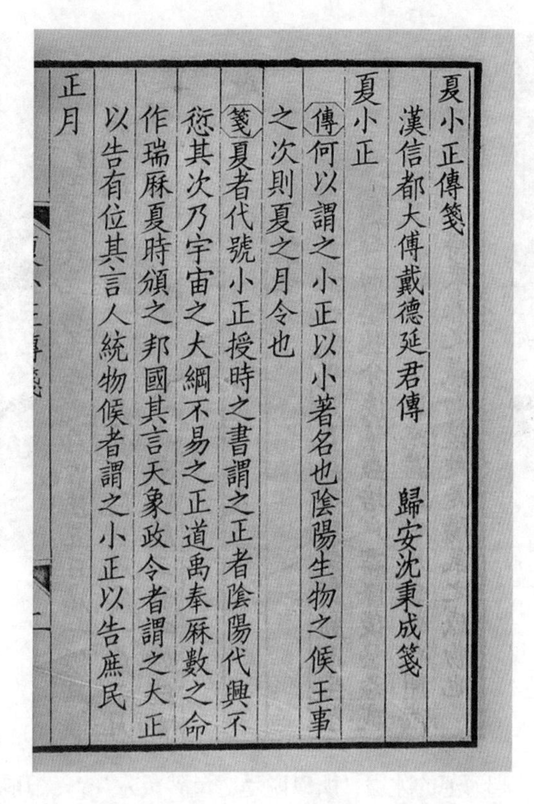
夏小正傳箋
漢信都大傅戴德延君傳　歸安沈秉成箋
夏小正
傳何以謂之小正以小著名也陰陽生物之候王事
之次則夏之月令也
箋夏者代號小正授時之書謂之正者陰陽代興不
愆其次乃宇宙之大綱不易之正道禹奉厤數之命
作瑞厤夏時頒之邦國其言天象政令者謂之大正
以告有位其言人統物候者謂之小正以告庶民
正月

(左)图4-1　体现天人合一思想的《修真图》

《修真图》是古人在若干岁月中经过实践总结出来的完整的修真理论，它以独特的理论体系，剖析了修真的概要，揭示了天人合一的奥秘。图中人体脊柱上标有二十四节气的名称，表示练功养生要与天时相合。

(右)图4-2　《夏小正传笺》书影

《夏小正》是中国古代关于物候与天时记载最早且较为详尽的典籍。

陟负冰，农纬厥耒。初岁祭耒，始用暘，时有俊风，寒日涤冻涂，田鼠出，农率均田，獭祭鱼，鹰则为鸠，农及雪泽，初服于公田，采芸，鞠则见，初昏参中，斗柄县在下，柳梯，梅杏杝桃则华，缇缟，鸡桴粥。”（图4-2）

短短的一段文字，既有天文与气象知识，也有农事活动的描述，最有价值的则是关于物候的准确观察。

先来看看《夏小正》对物候的描写：“启蛰”是说正月里，冬眠的小动物如蛇虫之类已经苏醒了；“雁北乡”是指大雁往北成群结队地飞去；（图4-3）“雉震呴”是说野鸡开始振翅鸣叫；春天要来了，水温开始上升，鱼儿能够感知水温的变化，从水下向水面游动，但这时水面仍有薄冰，鱼上浮的时候会拱

图4-3　候鸟的迁徙

候鸟的迁徙反映了鸟类对节气和栖息环境变化的感知，是典型的物候现象。

起薄薄的冰层，所以说是“鱼陟负冰”；“田鼠出”是说田间的田鼠也开始出洞活动了；“獭祭鱼”描绘的是一种特殊的现象，立春时水獭开始捕食鱼类，并把捕到的鱼搁置在水边，好像祭祀似的；（图4-4）“鹰则为鸠”从字面上来理解是鹰化为鸠，其实这是一种误解，鹰和鸠都是候鸟，来去有一定时期，所以应解释为鹰去鸠来；“柳梯”是说正月里柳树开始发芽，生出细小的柔荑；“梅杏杝桃则华”是指梅、杏、山桃在早春已有蓓蕾初绽；“缇”是结实的意思，“缟”是一种莎草，这里的记述可能有观察上的误差，缟草的花序和果实相似，不易分清，应该是已经生出花序；“鸡桴粥”是说母鸡又开始下蛋了。

再来看看其中的气候现象：时有俊风，是说正月里常有和风吹来，虽然还有寒意，但田野里的冻土开始消融了，这就是“寒日涤冻涂”一句的意思。

《夏小正》里还记述了一些天象：如“鞠则见”，是指天空又看到鞠星了；而黄昏的时候，可以看到二十八宿之一的“参”宿在南方上空，而北斗七星的斗柄是指向下方的，这就是“初昏参中，斗柄县在下”一句所记录的当时的实际天象。

关于农事活动，则有以下记载：“农纬厥耒”是指修理农具耒耜；“农率均田”是指整理农田的疆界，反映了上古的均田制；“农及雪泽，初服于公田”是指这时田里的雪尚未全融，要进行田亩的分配。

图4-4　东方小爪水獭（梁杰明/摄）

獭祭鱼被作为一种季候现象来描述节气，是惊蛰的第一候。《夏小正》里也有记载。

图4-5 《春牛图》，清代光绪二十六年（1900年）历本

关于祭祀活动也有描写："初岁祭耒，始用暘"是说年初要祭耕田的用具，准备春耕；"采芸"是指采摘供祭祀用的芸菜。（图4-5）

以上列举的只是《夏小正》全书的一部分，《夏小正》记载的物候现象有60余种，涉及动物的37条，植物的18条，非生物如风、雨、旱、冻等现象15条，这表明远在3000年前，我国的先民们对物候、天象、农事的掌握已经相当令人惊讶了。对草木虫鱼、鸟兽家禽各种生物的活动都有较为详细的观察，而且把物候和农事并列，体现了当时的"贵农"思想，对农时的指导之意十分明显。《夏小正》这部书，可以说是远古时代的一本"物候历"，今天只存有400余字，但它是按照月份的体系描述的，已将天文、物候等编制在一个天人

相应的知识体系当中，体现了人们对自然现象规律的某种探察。《夏小正》中所记载的天象是真实的，但其中的月份体系，究竟是阴历的月，还是阳历的月，学者们至今仍有争论，随着研究的不断深入，似乎越来越多的学者相信《夏小正》实际是一部太阳历。我们知道物候的变化跟月亮周期关系不大，更主要的是与太阳周期密切相关。也就是说，物候跟节气是分不开的。物有其时，节气就是物候变化的时间节点，到了一定的节气，就会出现相应的物候变化。《夏小正》虽然没有记载节气的名称，但它所体现的，正是节气与物候的内在规律。（图4-6）

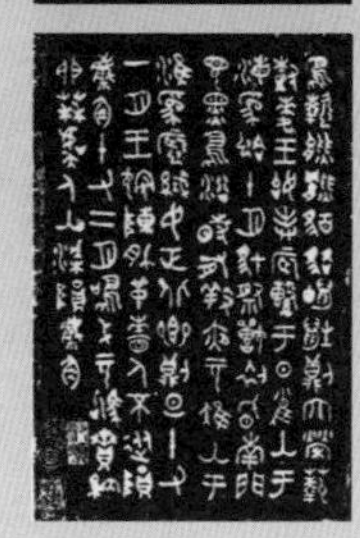

图4-6　籀文《夏小正》

因原稿散佚等问题，《夏小正》成稿年代争议较大。但一般认为最晚在春秋时期，《史记》中对此有记载。

七十二候

成书于春秋时期的《礼记·月令》，对物候学有了进一步的完善。所谓《月令》，就是每月的气象物候及天象与人事的排列。同时代可能稍晚的《逸周书·时训解》，则完整地记载了与二十四节气相对应的物候七十二条，这就形成了一个较为完整的"七十二候"。《吕氏春秋》的记载更为详尽，由此可见，几乎与二十四节气同时，七十二候的学说也在春秋战国时期臻于成熟。这种稳定的排列在古代相当长的一段时间里，被认为是天人相应的自然之理。后人还把音律、卦象等与之配合，形成一套较为复杂的物候学说。汉代以后，很多农书以二十四节气和七十二候为中心，制定出了各种农

图4-7　七十二候图——东风解冻，民国石拓本

东风解冻，立春初候，阳和至而坚凝散也。

事历、田家历、田家月令、每月栽种书等既能反映物候与气象，又非常实用的民间历书，及至后来，官方颁布的历书，也将七十二候编了进去。由此可见，以七十二候为代表的物候学说，一直被视为天经地义的自然学说而备受推崇。（图4-7）

最具代表性的当属元代王祯所作的《授时指掌活法之图》（图4-8），该图共有8圈，由内向外，最里层是北斗星斗杓的指向，然后依次为天干、地支、四季、十二个月、二十四节气、七十二候，以及各物候所指示的应该进行的农事活动。

七十二候，实际上是二十四节气的一种扩充，正如宋代王应麟的《玉海》里所说：五日一候，三候一气，故一岁有二十四节气。也就是说，每月有两个节气，每一个节气有三候，每候5天，全年一共是七十二候。

七十二候的候应，主体是生物现象，如蛰虫始振是惊蛰，鸿雁来，是指候鸟迁徙的规律，春分时节有“玄鸟至”，是指燕子从南方飞来。我们可以来看一看立春的三候：

一候东风解冻；二候蛰虫始振；三候鱼陟负冰。这是说立春之后的第一个五天里东风送暖，大地开始解冻。第二个五日，蛰居的虫类慢慢在洞中苏醒。再过五日，河里的冰开始融化，鱼从深水往上浮，

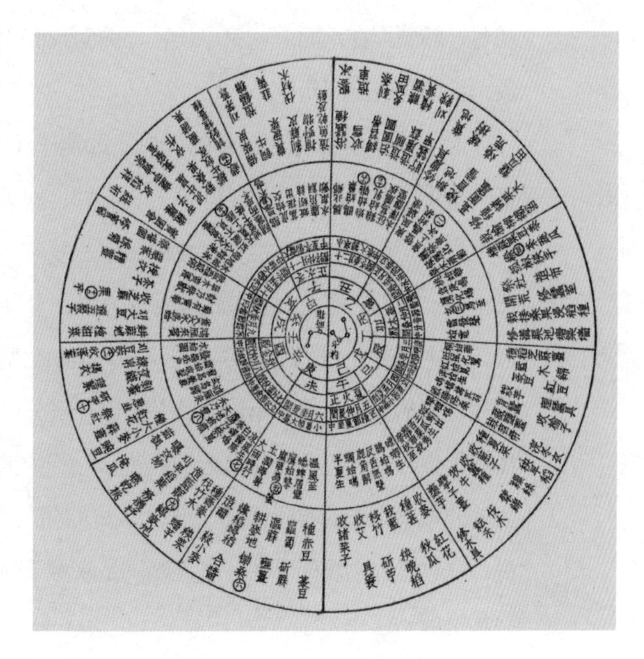

图4-8　王祯《授时指掌活法之图》

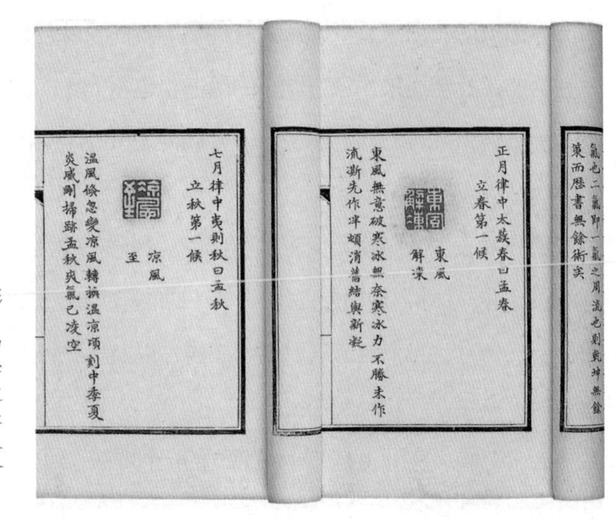

图4-9 七十二候印部分书影

原谱系明清之际著名印人何震所刻。七十二候的学说在春秋时期臻于成熟。这种稳定的排列在古代相当长的一段时间里，被认为是天人相应的自然之理，因此备受推崇。

要到水面上游动，但此时水面上还有没完全融解的碎冰片，那景象就如同被鱼负着一般漂浮在水面。这第一候，与前面我们说过的《夏小正》的记载完全一致，承续之迹显而易见。（图4-9）

七十二候中，有对候鸟的记录，如燕子（玄鸟）春来秋去，鸿雁冬往夏来，是十分准确的；而蝉（即蜩）、蚯蚓、蛙（即蝼蝈）等昆虫的活动，随着节气隐现，也有其规律性；动物的蛰眠、复苏、始鸣、繁育、迁徙等，都与节气相关。另外，还有对植物的萌芽、发叶、开花、结果、叶黄和叶落的记录。当然其中也有一些不符合实际的地方，比如腐草化萤之类，是当时的观察手段所限，无法也不可能完全认识清楚。以一气分三候，以五日为一候，这种分法虽然整齐好记，但毕竟有人为的痕迹，对于中国某些地区来说，不能十分符合当地的气象物候的实际情况，当然，古人的认识毕竟是有局限性的。不管怎么说，这种研究物候的方法，毫无疑问是来源于对自然规律的细致观察，自有其科学价值。

当人们把七十二候与易经八卦干支节气联系起来看待时，天地感应的思想已经形成了一个较为成熟的理论系统了。以今天现代人的眼光来看，这种机械的排列必然会导致失实，但从历史的眼光来看，至少当时的人们已经在做某种生物学、物候学上的理论构架了。七十二候不仅有生物的物候，也有人，有天象，有四时，有五行，更重要的是有二十四节气。节气在这里，是较为关键的一个要素，就像是开启机器的一把钥匙，天地阴阳四时五行一旦启动，便会按照某种规律去运转。人们编制各种各样的七十二候图，也许正是想寻找那把开启天地人奥秘的钥匙，无论如何，我们应该对古人的这种探索精神表达应有的敬意。（图4–10）

图4–10　十二月卦与七十二候图

十二月卦与七十二候图是根据《易学大辞典》的《卦气圆图》绘制。体现十二月卦，每卦六爻表示“物候”的变化。十二卦共七十二爻，每爻表示一候，即为每年的“七十二候”。也就是用“爻”表示每年气候“周而复始，生生不息”的自然变化规律。

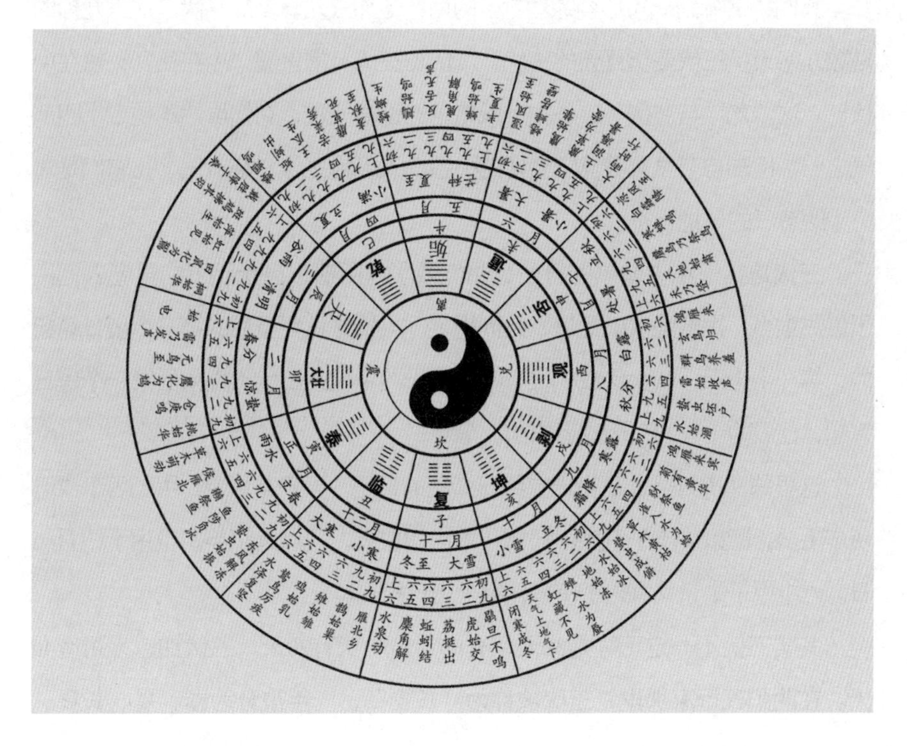

杂节气与花信风

我们经常听到一句形容练功刻苦的话：冬练三九，夏练三伏。这三九指的是数九寒天，三伏是指夏天的头伏、二伏与三伏。常言道“冷在三九，热在中伏”。这“九”与“伏”，是指一段特定的极端气候，它们虽然不是二十四节气之一，但却与节气有着非常密切的关系，人们称之为“杂节气”，它们是对二十四节气的一种补充。

三伏是指一年中最热的日子，阴气被阳气所逼，潜伏于下，再者人们由于暑热难当，需要隐伏以避暑，故而得名。入伏是从夏至后的第三个庚日算起的，第一个十天，叫头伏或初伏，其次十天为中伏或二伏，立秋后第一个庚日算起，往后的十天叫三伏或者末伏。

这里的“庚日”，是指干支纪日逢庚的日子。天干共10个，甲乙丙丁戊已庚辛壬癸，配以地支子丑寅卯辰巳午未申酉戌亥，既可以纪年，也用于纪月与日。六十甲子中，共有六个庚日，每个庚日相隔10天。

其实三伏不一定正好是30天，有的年份中伏有20天，三伏加起来可有40天。在阴阳五行家那里，三伏被称为“长夏”，一年被分为春、夏、长夏、秋、冬五个时段，正好与木火土金水相配。

伏天的日子并不在每年的固定日期，一般在阳历的七月中旬到八月中旬，而在农历中，则要按照干支去数日子了。伏天是一年中最热的时间，古代历书安排三伏，正是要提醒人们注意避暑。

九九则是从冬至这一天开始，数九九八十一天，经历了由冷变寒，而由寒回暖的过程。一般是从阳历12月22日或23日冬至这一天算起，到惊蛰的前两至三天结束。民间流传的九九歌，非常形象地反映了气温的变化。比如流传于黄河流域的九九歌是这样的：

一九二九不出手（天气冷了），三九四九冰上走（结冰了），五九六九沿河看柳（柳树发芽），七九河开（江河解冻），八九雁来，九九耕牛满地走。

九九八十一天，前后经过了冬至小寒大寒立春雨水约五个节气，其中既有气象，也有物候和农时。

在江淮流域及江南大部地区，夏天还有一个梅雨天，俗称入梅和出梅。这段时间阴沉多雨，气温高，湿度大，器物容易发霉，所以叫梅雨天。因为这时江南正逢梅子成熟时节，人们又称之为黄梅天或梅雨，给发霉的心情平添了些许诗意。入梅的那一天按明代冯应京编撰的《月令广义》的说法是“芒种后逢丙入梅，小暑后逢未出梅”，一般总在阳历6月6日到15日之间入梅，因为丙是天干，以十为基数；出梅一般是在7月8日到19日之间，未是地支，以十二为基数。而在农历，则需要根据历书去查找了。

这些“杂节气”既与二十四节气分不开，又形成了独特的周期，反映了特殊的气象，它们在民间广为流传，好记好懂，是人们生活的指南。

宋代诗人徐俯曾写过一首《春日》的诗，其中有一句广为流传：“一百五日寒食雨，二十四番花信风。”是说冬至后150天是寒食，正好是清明的前一天。这时春雨霏霏，天气清明。寒食也是一个“杂节气”，这一天人们不能举火，只能吃冷食。而花信风则是指节令与物候相应，风应花期，信风就是报信

图4-11　二十四根节气柱，北京

节气柱上雕刻着精美的二十四番花信风图案，柱子顶端的花球是二十四节气的物候花，代表每个节气的花种，每根节气柱上均刻有该节气的介绍和歌谣，雕刻着代表节气特点的图案。

之风。它们每年定期而至，预示着节令物候现象即将发生。而花信，则是以花开作为标示的时令物候。百花先得春消息，争奇斗艳渐次开。人们挑选一种花期最准确的花为代表，叫作这一节气的花信风，意即带来开花音讯的风候。（图4-11）

其实，花信风也是杂节气的一种。如果说三伏与九九代表的是自然的冷酷与暴烈，那么花信风则代表了自然的诗意与浪漫。

据南朝宗懔《荆楚岁时说》：“始梅花，终楝花，凡二十四番花信风。自小寒至谷雨共八气(八个节气)，一百二十日，每五日为一候，计二十四候，每候应一种花信。”每一候花信风便是某种当令的花开放的时期。到了谷雨前后，就百花盛开，万紫千红，四处飘香，春满大地。楝花排在最后，表明楝花开罢，花事已了。经过二十四番花信风之后，以立夏为起点的夏季便来临了。

由于各地的花色不同，气候有异，花信风有不同的版本，流传最广的是：

小寒：一候梅花，二候山茶，三候水仙；

大寒：一候瑞香，二候兰花，三候山矾；

立春：一候迎春，二候樱桃，三候望春；

雨水：一候菜花，二候杏花，三候李花；

惊蛰：一候桃花，二候棣棠，三候蔷薇；

春分：一候海棠，二候梨花，三候木兰；

清明：一候桐花，二候麦花，三候柳花；

谷雨：一候牡丹，二候酴醿，三候楝花。（图4-12）

百花争艳，万紫千红，二十四番花信，如期而来，应时绽放，这些花儿开到谷雨便停下了吗？其实不然。四季之中，还有夏花之绚烂，秋花之静美，如八月桂花香，九月菊花开。所以人们又编成了“十二姐妹花”的歌谣：

正月梅花凌寒开，二月杏花满枝来。

三月桃花映绿水，四月蔷薇满篱台。

五月榴花红似火，六月荷花洒池台。

七月凤仙展奇葩，八月桂花遍地开。

九月菊花竞怒放，十月芙蓉携春来。

十一月水仙凌波开，十二月蜡梅报春来。

这种每月一花做主的编法，又不禁让人想起了那段著名的评剧唱段——《报花名》：

花开四季皆应景，俱是天生地造成，

春季里风吹万物生，花红叶绿，好心情，

桃花艳，梨花浓，杏花茂盛，扑人面的杨花飞满城……

再联想开去，你会想到杜丽娘的“游园惊梦”，林黛玉的“焚稿葬花”……

原来姹紫嫣红开遍，似这般都付与断井颓垣。花犹如此，人何以堪？却又是人与花的感应，心与自然的相通，她二人的共同之处，不外是“一生儿爱好是天然”。

人与自然之间，本来就是相通的。就像《牡丹亭》的唱词：“似这般花花草草惹人爱，生生死死由人怨……”

花鸟禽鱼，草木桑蚕，无不与天地阴阳、四时节气共生共荣，同盛同衰。生命，就是这样完成了一个又一个轮回的过程。

图4-12　二十四番花信风

小寒：一候梅花，二候山茶，

三候水仙。

大寒：一候瑞香，

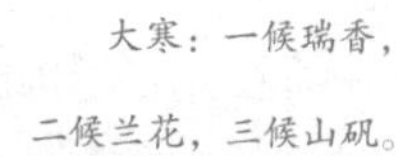

二候兰花，三候山矾。

立春：一候迎春，二候樱桃，

三候望春。

雨水：一候菜花，

二候杏花，三候李花。

惊蛰：一候桃花，二候棣棠，

三候蔷薇。

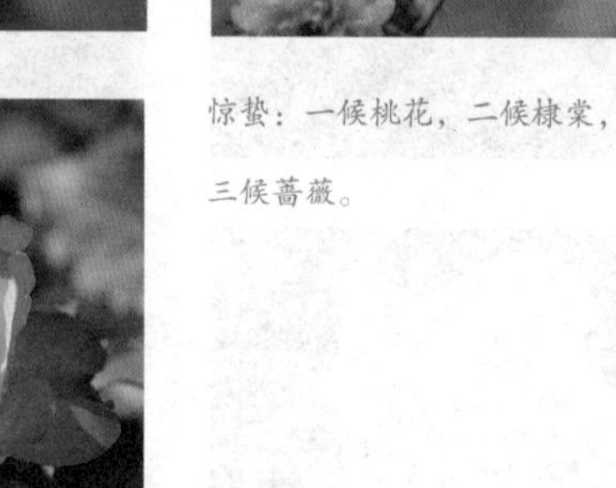

春分：一候海棠，

二候梨花，三候木兰。

清明：一候桐花，二候麦花，

三候柳花。

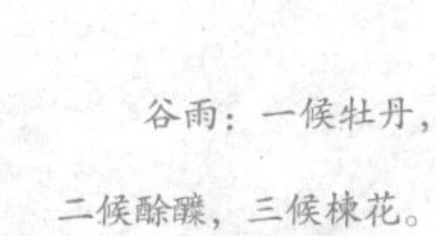

谷雨：一候牡丹，

二候酴醾，三候楝花。

润物的歌咏

中国节气

5

天人合一

——节气与养生

养生的原则

国学大师季羡林曾经说过：天人合一是中国文化的最高境界。天行四时，四气分八节，再分为二十四节气，所以说节气代表的就是“天行之道”。天行有时，天道循环，万事万物受制于天，而人是万物之灵长，毫无疑问，节气对人的生命也起着至关重要的作用，这就是天人合一。我们中国先贤们在这方面的智慧，也是独一无二、举世无双的。没有哪种文化，也没有哪种医学，像我们的中医这样，注重天人相应的关系，提倡天人合一的养生之道。（图5-1）

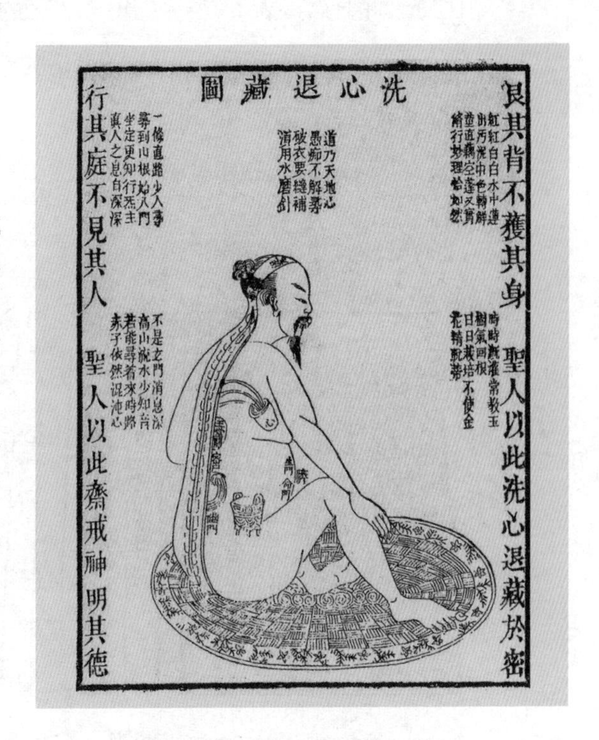

图5-1　《洗心退藏图》，中国道家古图

中国古代的诸多传统之中，在今天仍然被广泛运用的，似乎只有两个，一是二十四节气；二是中医。节气与中医，可以看成是传统文化的“活化石”。二者之间，如影相随。气乃天道，医乃人道，天人一体，相应相合。就像《黄帝内经》所说的：人以天地之气生，四时之法成。人的生命与大地上其他生命一样，都要遵循节气的法则。（图5-2）

也许很多人儿时的记忆里，冬至那一天，是一个极为特别的日子。那一天，家里的祖父叔伯们，会聚在一起，吃一顿红焖狗肉。狗肉的香气在冬日的清冷中飘荡在堂屋里，惹得孩子们口水长流。但没成家的男孩们却是吃不得的，老人们会拿起筷子赶走馋得忍不住要偷吃的孩子们：狗肉是大补的，小孩子吃了要流鼻血的！后来，待到长大了，老人才会告诉你，狗肉是壮阳的，而且属于血肉有情之品，是补品当中最有效的一种，吃了可以补肾壮阳。至于为什么是在冬至那天吃呢？那是因为老话说“冬至一阳生”，这时吃了，效果是加倍地好！

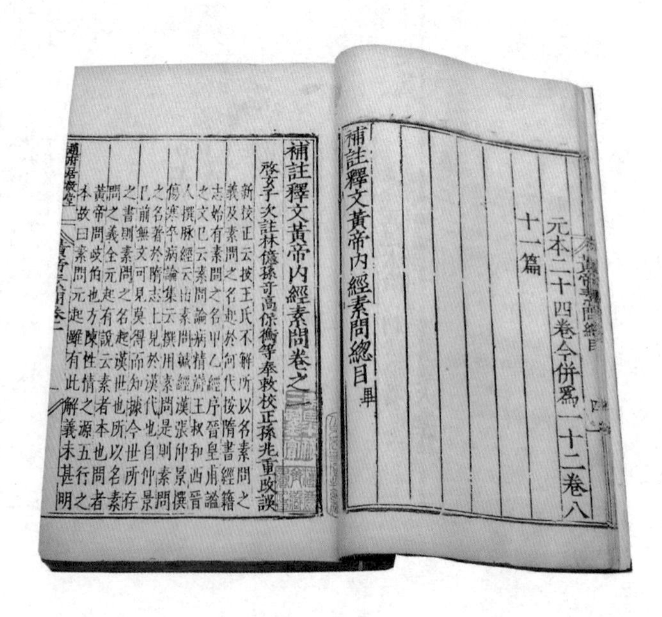

補註釋文黃帝內經素問卷之一
啟玄子次註林億孫奇高保衡等奉敕校正孫兆重改誤
新校正云按王氏不解所以名素問之義及素問之名起於何代按隋書經籍志始有素問之名甲乙經序晉皇甫謐之文已云素問論病精辯王叔和西晉人撰脉經云出素問鍼經漢張仲景撰傷寒卒病論集云撰用素問是則素問之名著於隋志上見於漢代也自仲景已前無文可見莫得而知據今世所存之書則素問之名起漢世也所以名素問之義全元起有說云素者本也問者黃帝問岐伯也方陳性情之源五行之本故曰素問元起雖有此解義未甚明

補註釋文黃帝內經素問總目
元本二十四卷今併爲一十二卷八十一篇

图5-2　《补注释文黄帝内经·素问》，明刊本，中国国家博物馆古代中国陈列展（孔兰平/摄）

《黄帝内经》是中国历史上第一部系统的医学著作。该书总结了秦汉以前的医学经验，提出了脏腑经络学说和病因学说，奠定了中医学的理论基础。

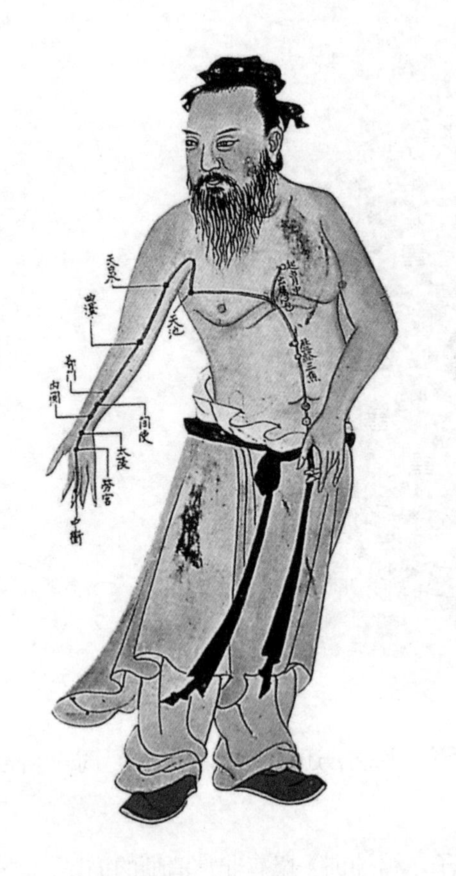

图5－3　《针灸穴位图》，18世纪绘画

针灸是广为人知的传统中医疗法，这幅图展示了多个控制心脏疾病和性器官疾病的穴位。

节气、阳气、肾气，这些神秘的名词，仿佛有着某种神秘的力量，让人回味不已，兴叹不休。冬至这一天，南方吃狗肉，北方吃羊肉，都是为了一个目的——壮阳。冬至这一天，天地阴阳之气到了一个转换的枢机，阴气极盛而转弱，阳气极弱而转强，这就是“冬至一阳生”，也称“子时一阳生”，因为冬至在一年当中，就是一个阳气始生的“子时”。所以，冬至是一个关键的时刻，尤其对于男人而言，阳气就是肾火之气。所以，要补肾壮阳。这种朴素的理论，一点也不难理解。

天地有阴阳，人身有精血，天地有五行，人身有五脏。天与人之间，竟是有着某种天然的联系。这就是中医学的奇妙之处。（图5－3）

图5-4　天人合一的养生原则，示意图

中医是一种自然医学，无论是治病，还是养生，遵守的是同一个原则：天人相应。

关于天人相应，《淮南子·精神训》里有非常清晰的描述："夫精神者，所受于天也；而形体者，所禀于地也。""故头之圆也象天，足之方也象地。天有四时、五行、九解、三百六十六日，人亦有四支、五藏、九窍、三百六十六节。天有风雨寒暑，人亦有取与喜怒。故胆为云，肺为气，肝为风，肾为雨，脾为雷，以与天地相参也，而心为之主。是故耳目者，日月也；血气者，风雨也。"（图5-4）

这种天人相应的学说，以今天的眼光来看，很显然有牵强附会之处，但它却是中医学的基本理论与指导方法。不仅是生理病理，就是治病用药，也离不开它。成书于东汉时期的《黄帝内经》，正是继承了《淮南子》的学说，而加以发扬，运用于医学之中。

《黄帝内经》是中医学的经典，是理念之基础。但《黄帝内经》一开篇说的不是治病，而是养生。由此可见，中医与养生，本来就是一脉相承，不可分离的。《黄帝内经》的第一篇叫《上古天真论》，开篇便说：“上古之人，其知道者，法于阴阳，和于术数，食饮有节，起居有常，不妄作劳，故能形与神俱，而尽终其天年，度百岁乃去。”

所谓“知道”，便是“知天道”，天道之秘，在于阴阳气机的盈虚消长，它以术数的原则表现出来，所以人只要能够“法于阴阳，和于术数”，饮食有节，起居有常，便能长寿，“度百岁乃去”。

所以养生的基本原则，就是顺应自然，顺时而动，法于阴阳，和于术数。也就是说，要与天地阴阳之气相和，而二十四节气，正是天地阴阳之气变化的表征。明白了这一点，便理解了养生的原则。

有趣的是，《黄帝内经》把长寿之人分为四种：真人、至人、圣人、贤人。这四种人长生的秘诀就是天人合一的基本原则，比如真人能够“提挈天地，把握阴阳”，至人则能够“和于阴阳，调于四时”，圣人则能够“处天地之和，从八风之理”，而贤人则能够“逆从阴阳，分别四时”，毫无例外地都提出了要顺应天时，和于四季八风，这是中医养生之道的最高指导原则。(图5-5)

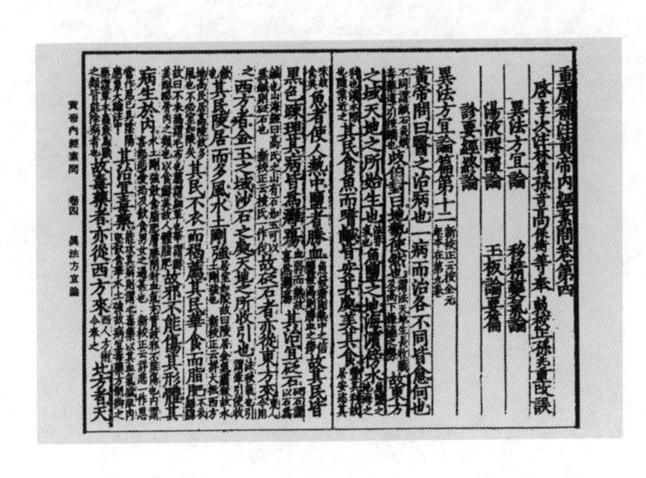
重廣補注黄帝內經素問卷第四
啓玄子次注林億孫奇高保衡等奉敕校正孫兆重改誤
異法方宜論　移精變氣論
湯液醪醴論　玉版論要篇
診要經終論
異法方宜論篇第十二
黄帝問曰醫之治病也一病而治各不同皆愈何也
岐伯對曰地勢使然也 故東方之域天地之所始生也 魚鹽之地海濱傍水 其民食魚而嗜鹹皆安其處美其食 魚者使人熱中鹽者勝血 故其民皆黑色踈理其病皆為癰瘍 其治宜砭石 故砭石者亦從東方來
西方者金玉之域沙石之處天地之所收引也 其民陵居而多風水土剛強 其民不衣而褐薦其民華食而脂肥 故邪不能傷其形體其病生於內 其治宜毒藥 故毒藥者亦從西方來
北方者天
黄帝內經素問　卷四　異法方宜論

图5-5　《黄帝内经·素问》之《异法方宜论》（局部）

《黄帝内经·素问》原书9卷81篇，论述了养生保健、阴阳五行、藏象、病因病机、诊法学说、治则学说。

其实，现代生物学早就有生物节律的学说，像我们熟知的人体的生物钟，冥冥之中似乎有一把钥匙在上紧发条，让生命产生周而复始的节律现象，这把钥匙，正是大自然的规律——节气。掌握了这一规律，便能“宇宙在乎手，万化生乎身”，成为得道的“真人”，也就是长寿之人。

四季养生

人生天地之间，自然的风寒暑湿燥火，毫无疑问地会对人体产生莫大的影响。我们日常生活中常听人说“上火了”“感受风寒”“中暑”等等，说的都是气候变化给人体带来的疾病。其实，人体的脏腑经络、营卫气血等生理活动，随着季节的转换和天气的变化，也会出现周期性的变化：春气在经脉，夏气在孙络，长夏气在肌肉，秋气在皮肤，冬气在骨髓中。还会表现不同的特点：春温、夏热、长夏湿、秋凉、冬寒。阳气会出现升、浮、沉、降的节律；脉搏会春浮、夏洪、秋弦、冬沉。天地有春夏秋冬四季，人体也有春夏秋冬的分启合闭，天地大宇宙，人身即是一小宇宙，这种认识不仅由来已久，而且在历代的养生文献之中可谓是汗牛充栋，不胜枚举。

我们前面引用过的《黄帝内经》第一章《上古天真论》提出了养生的原则，而第二章《四气调神大论》，则完全是讲人应该如何顺应四季的气候变化来进行养生保健的。“夫四时阴阳者，万物之根本也。所以圣人春夏养阳，秋冬养阴，以从其根；故与万物沉浮于生长之门。逆其根则伐其本，坏其真矣。”

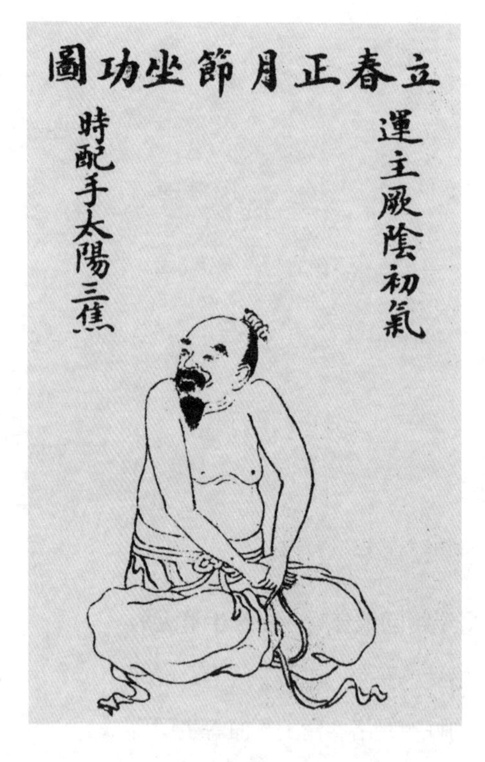

图5-6 《立春正月节坐功图》，出自陈希夷“二十四气坐功导治病”功法

“二十四气坐功导治病”是根据二十四节气的气运与人体经脉的对应关系而创的功法，可养生治病。

顺应四时阴阳的根本就是“春夏养阳，秋冬养阴”，这是大原则。《黄帝内经》甚至给出了具体的方法：

“春三月，此谓发陈。天地俱生，万物以荣，夜卧早起，广步于庭，被发缓形，以使志生……此春气之应，养生之道也；逆之则伤肝，夏为寒变，奉长者少。”（图5-6）

“夏三月，此谓蕃秀。天地气交，万物华实，夜卧早起，无厌于日，使志勿怒，使华英成秀，使气得泄，若所爱在外，此夏气之应，养长之道也；逆之则伤心，秋为痎疟，奉收者少，冬至重病。”

发陈，就是推陈出新的意思。春天的三个月，生命萌发的时令，万物生发，人也要能够抒发，所以要“广步于庭，被发缓形”，按今天的话来说，就是要多散步，衣服要穿得宽松点，头发要梳得自然一点。古人有束发戴冠的习惯，今天的人们自不必拘泥于此。春天的气息就是生命力的复活，所以春季的关键字就是一个“生”字。

夏天的三个月里，万物繁盛，欣欣向荣，所以用“蕃秀”来形容生物的变化。这时的养生关键在于“使志勿怒”“使气得泄”，这样才能使“华英成秀”，也就是说在夏天草木由花序而结为果实，在人体则由心脏运送血液而营养全身。所以夏天的关键字是“长”。

总体而言，春夏养的是阳气，秋冬养的是阴气。秋季的三个月，谓之容平，自然景象因万物成熟而平定收敛。人们应该收敛神气，以适应秋季收敛的特征。所以秋天的养生关键字是“收”，所谓“秋气之应，养收之道”。而冬季的三个月，气候寒冷，万物闭藏。所以冬天的养生关键字是“藏”。

春生、夏长、秋收、冬藏，八个字便道尽了养生之理。它们与人体五脏相配，还需要从夏天里面分出一个长夏，分别对应于肝、心、脾、肺、肾，以应于生、长、化、收、藏，如果用五行来解释，便是木、火、土、金、水，其中土便配属于长夏。下面这张图，便清楚地表明了四季养生的原理。简单来说，便是春养肝，夏养心，长夏养脾，秋养肺，冬养肾。所谓养生，就是顺应四时节气之变化，在起居、饮食方面予以注意摄养与养护。（图5-7）

隋唐之间有一位名医名叫孙思邈，他还有一个广为流传的称呼：孙真人。

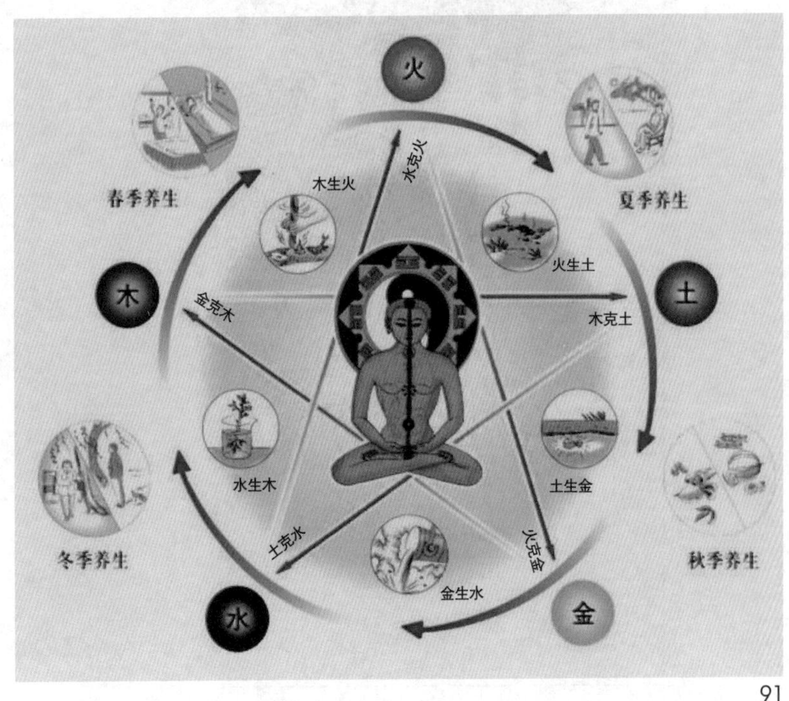

图5-7 《四季养生示意图》

他的寿命一直是一个谜。有人说他活到168岁，也有人说他活到148岁。无论如何，至少是活了101岁，在“人生七十古来稀”的古代社会，这是一位较为可信的百岁老人，也是中国养生史上最著名的一位寿星，被后世尊为“药王”。(图5-8)

孙思邈写过一首流传千古的《孙真人卫生歌》，其中开头便说：“天地之间人为贵，头象天穹足象地。”点出了天人相应的宗旨。接下来则分别指出春夏秋冬四季所要注意的饮食、运动方面的具体养生方法。

图5-8　孙思邈，唐朝医师与道士，京兆华原（现陕西耀县）人

药王孙思邈，唐代著名的长寿医家，中国乃至世界史上伟大的医学家和药物学家。

天地之间人为贵，头象天穹足象地。
春嘘明目夏呵心，秋呬冬吹肺肾宁。
四季常呼脾化食，三焦嘻出热烦除。
发宜常梳气宜炼，齿宜频叩津宜咽。
子欲不死修昆仑，双手指摩常在面。
春月少酸宜食甘，冬月宜苦不宜咸。
夏月增辛不宜苦，秋辛可省但加酸。
季月少咸甘略戒，自然五脏保平安。
若能全减身康健，滋味嗜偏多病难。
春寒莫放锦衣薄，夏月汗多须换着。
秋冬衣冷渐加添，莫待病生才服药。
唯有夏月难调理，伏阴在内忌凉水。
瓜桃生冷宜少食，免至秋来成疟痢。

图5-9 丘处机（1148—1227年），字通密，道号长春子，中国金朝末年全真道道士

这首《孙真人卫生歌》，着眼于四季天时的变化，指出人们应该顺时而动，依时而养，天人合一，才能颐养天年。

除了起居饮食之外，还要主动地运动锻炼。大名鼎鼎的长春真人丘处机曾经专门写了一篇《摄生消息论》，详尽论述了四季养生的原则，并给出了具体的导引按摩功法，比如：春季睡之前及清晨醒后，叩齿三十六次，以固肾疏肝，可神清气爽，以应春之生发。夏三月，在无风处每日梳头一二百下，梳及头皮不可太重，因头为诸阳之会，尤不可受风，须轻柔和缓以应夏之长养。秋三月清晨，闭目叩齿二十一下，咽津，以两手搓热熨眼数次，多于秋三月行此，极能明目。秋天当令，须按此法，以应秋之收敛及肺脏清肃通调之气。冬季练身，每日晨起及夜卧前，坚持按摩两足心，可益肾阴，壮肾阳，以应冬之蕴藏之气。（图5-9）

我们还听说过“冬病夏治，夏病冬治”，比如三伏天灸背部的腧穴，对冬天发作的哮喘病等有极好的疗效，其中的道理就是“春夏养阳”。在夏天以灸法温补阳气，到了冬天，阴寒之症便能得到有效的预防。所以，对一个好的中医而言，治病不算是本事，能把疾病扼制在未发之时，萌芽状态，那才是本事。这就是《黄帝内经》说的“上工不治已病治未病”，而四季养生，就是要顺应天时，预防疾病。（图5-10）

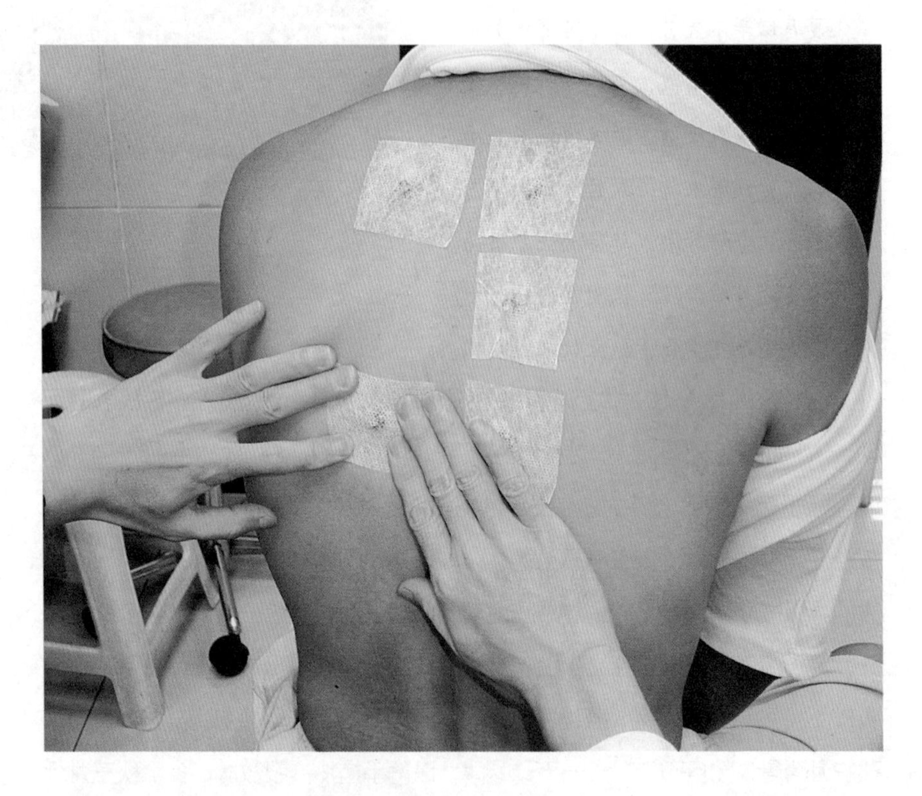

图5-10 冬病夏治，图为“三伏贴”

“三伏贴”是一种膏药。在夏天农历的头伏日期贴在后背一些特定部位上，据说可以预防、治疗冬天发作的某些疾病。

节气养生

如果说人体是一架机器，那么节气就是启动这架机器的钥匙。因为节气代表着阴阳，代表了天道。但人是一架有灵魂的机器，在自然规律面前，人类除了能够被动地顺应自然，也能够主动地感知自然的变化，从而积极地应对自然的变化，以增进自己的健康，延长自己的生命。这就是古人所说的“我命在我不在天”。我们的祖先发现了二十四节气的规律，不仅能够运用在农业生产上，也可以运用在自我保健

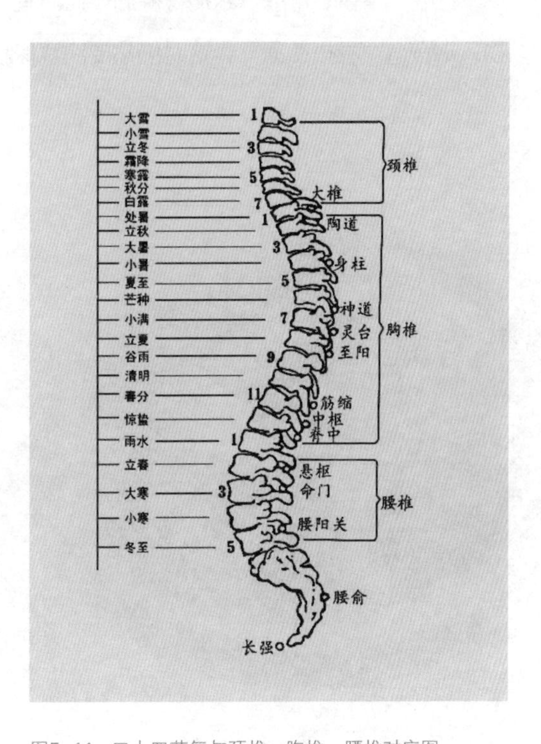

图5-11　二十四节气与颈椎、胸椎、腰椎对应图

上。关于养生的学说，不仅有天人合一的养生原则，有顺应四时的季节养生，还有以月为周期的月令养生，以及以15天的节气为周期的二十四节气养生法。

（图5-11）

其实《黄帝内经》里面并没有提到二十四节气，它只有四季养生的大原则，后人根据这些原则，逐渐勾画出二十四节气养生的具体架构，并根据时代的发展、气候的变迁，以及疾病谱的变化，慢慢地丰富发展出一套比较具体的二十四节气养生法。

以下是二十四节气的病机、多发疾病、起居宜忌、食补食疗、运动按摩等的简要归纳：

1.立春（2月3—5日）：立春时节，阳气升发，风邪为患。易发流感、肺炎、哮喘、中风、痔疮、水痘等疾病。此时宜多梳头，忌吹风，少食刺激性食物；常言道“春捂秋冻”，这时仍然要注意保暖，不要立刻脱冬衣。食疗方面宜多食韭菜、香椿、百合、茼蒿、荠菜、豌豆苗、春笋、山药、藕、萝卜、荸荠、生姜等，可进行适量运动，如散步、导引等，可按摩肝经。

（图5-12）

图5-12 食疗，图为山药

2.雨水（2月18—20日）：雨水之时，湿邪为患，容易出现脾胃湿滞，消化道疾病较为常见，高血压、痔疮出血等多发。此时宜多喝粥，补肾健脾，忌立即收起冬衣。食疗方面可多吃茯苓、芡实、小

图5-13 运动养生，图为太极拳

米、胡萝卜、冬瓜、莴笋、扁豆、蚕豆、花椒等。可按摩腹部，点按脾经、胃经，做些散步、太极拳等运动。（图5-13）

3.惊蛰（3月5—7日）：此时人体肝气上扬，易发肝气不舒，或肝阳上亢，常见有高血压等疾病反复发作，宜养护阳气，做些较舒缓的运动，忌过度操劳。食疗可多食糯米、芝麻、蜂蜜、乳制品、豆腐、鱼、蔬菜、菊花、甘蔗等。慢跑、登山、放风筝等运动较为适宜。

4.春分（3月20—21日）：春分时节，万物化生，此时细菌、病毒等繁殖也较快，易发多种流行病如呼吸道感染等，有些旧疾易于发作，如精神疾病。应保持情绪稳定，避免大喜大悲，适当地清补养肝，忌房事过度，七情太过。

饮食以清淡为好，忌食过多的鱼、虾、葱、姜、韭菜、大蒜等，多食百合、莲子、山药、枸杞等，忌过量饮酒，可按摩指尖、腹部，适当游泳、散步。

5.清明（4月5—6日）：清明时节，阳气升发，常见肝气郁结、肝阳上亢，高血压、过敏症、慢性支气管炎等多发。宜保暖及户外运动；忌辛辣、甜腻性食物及“发物”，如海鱼、海虾、海蟹、咸菜、竹笋、毛笋、羊肉、公鸡、大葱、大蒜、洋葱、生姜、紫苏、茉莉花茶。可多散步，进行郊游、登山、放风筝等运动。（图5-14）

6.谷雨（4月19—21日）：多有风邪为患，常见风热感冒，抑郁症也多发。宜清肺热，忌暴饮暴食，薄荷、菊花、牛蒡、水芹、荸荠、黑木耳等为食疗佳品，可远眺、慢跑、散步，按摩头部、肝经。

7.立夏（5月5—7日）：常有心火旺盛，心脏病多发，宜保持良好情绪，养心入静；忌心火过旺、饮食没有节制。多食苦瓜、芥蓝、荞麦、莲子心、高粱米粥等。可散步、打太极拳、静坐调养。

8.小满（5月20—22日）：多有湿热为患，常见风疹、皮肤病等；宜除内热，除湿邪；忌情绪波动过大。多食赤小豆、薏苡仁、绿豆、冬瓜、黄瓜、黄花菜、藕、胡萝卜、西红柿、西瓜、山药、蛇肉、鲫鱼、草鱼、鸭肉等。可慢跑、散步，按摩脾经。

9.芒种（6月5—7日）：湿热困脾，传染病、脾胃疾病多发。宜午睡，勤消毒，注意卫生；忌物品发霉。可食黄瓜、丝瓜、南瓜、西瓜等；可按摩腹部、脾经、胃经，适当散步，不宜剧烈运动。

10.夏至（6月21—22日）：常有暑热伤脾，消化不良、中风、心脏病多见。宜调理脾胃，睡好午觉；忌大汗。多食绿豆、新鲜蔬菜、水果、鱼类、醋等；散步、太极拳等轻微运动为佳。可按摩脾经、胃经、心经。

11.小暑（7月6—8日）：常见暑湿水肿，前列腺炎、糖尿病、心脏病等多发。宜养心，保持乐观心态；忌过分贪凉及摄入过多冷食。芡实、薏苡仁、冬

图5-14 《百子团圆》图册之“放风筝”（焦秉贞/绘）

春风三月三，风筝飞满天。清明前后，春暖花开，和煦的春风里，最适宜放风筝。

瓜、莲藕、苦瓜、苦笋、苦丁茶等为食疗佳品。宜游泳、散步，按摩心经、肾经，如内关、肾腧等。

12.大暑（7月22—24日）：多有暑热伤津之症，此时中暑、高血压多发。宜清热补气，冬病夏治；忌暴饮暴食、伤害脾胃。宜食苦瓜、丝瓜、黄瓜、菜瓜、番茄、茄子、芹菜、生菜、芦笋等，可游泳、静坐，按摩心经、脾经。（图5-15）

13.立秋（8月7—9日）：秋季燥邪为患，立秋之际，多见秋燥灼肺，常有咳嗽、糖尿病发作；宜养肺阴，防止秋老虎灼伤肺阴。宜食鸭肉、兔肉、甲鱼、海参、茄子、鲜藕、绿豆芽、丝瓜、黄瓜、冬瓜、西瓜、苦瓜、梨等。以慢跑、散步为宜，可按摩肺经、脾经。

14.处暑（8月22—24日）：此时脾气虚弱，易发胃病。宜早睡早起；忌辛辣食物。以葡萄、银耳、藕、菠菜、鸭蛋、蜂蜜等滋养脾胃。可静坐、散步，按摩脾经、胃经。

图5-15　各种按摩工具，北京农业展览馆中国非物质文化遗产技艺大展（聂鸣/摄）

15.白露（9月7—9日）：白露时节，寒热不均，过敏、哮喘等病多发。宜养阴；忌贪食寒凉、穿过于暴露的衣服。可食黄瓜、西红柿、冬瓜、梨、荸荠、甘蔗、大枣、银耳、百合、蜂蜜等，宜慢跑、登山、按摩肺经。

16.秋分（9月22—24日）：秋气高爽，亦可见秋燥伤肺，引起咳嗽、哮喘、皮肤干燥等。宜保养肺阴，护肺；忌寒凉。可用银耳、梨、蜂蜜、冰糖、大米、莲子、百合等滋养，宜慢跑、登山，按摩肺经、肾经。

17.寒露（10月8—9日）：天气转凉，多见寒邪入肺。老年慢性支气管炎、哮喘病、肺炎等多发。宜热水泡脚、保养头发、出游；忌运动过度、过度悲伤、情绪过激。宜食葱姜蒜、辣椒、牛肉、羊肉、茭白、南瓜、莲子、桂圆、黑芝麻、红枣、核桃等，可进行跑步、太极拳运动，按摩肺经。

18.霜降（10月23—24日）：霜降之时，外寒内热，感冒、哮喘等多发。宜进补，防寒保暖；忌着凉。多食枸杞、桂圆、海带、南瓜、胡萝卜、甘蓝、红薯、花生等。跑步时注意保暖，以打太极拳、静坐为宜；可按摩肺经、肾经。

19.立冬（11月7—8日）：立冬之际，阳气衰微，常见寒湿入肾，关节炎、肠道传染病多发。宜进补，养阴护阳，补肾精；忌胡乱进补，谨防虚不受补，要先健脾养胃。可多食龙眼肉、荔枝肉、桑葚、黑木耳、菠菜、胡萝卜、牛羊肉、海参、鱼类等，以慢跑、散步、打太极拳为宜，可按摩肾经、脾经。

20.小雪（11月22—23日）：由于阴气过盛，阳气不足以升发，多见人体气机不畅，此时抑郁症多发。宜多晒太阳、保暖；忌大汗、感受风。多食萝卜、核桃、牛羊肉、枸杞、牛奶、豆浆等，以导引、静坐为宜，可按摩肾经、肝经。

21.大雪（12月6—8日）：大雪之时，阴寒入里，多发关节炎、心血管疾病。宜保暖、进补；忌饮酒、房事过度。多食桂圆、栗子、山药、大枣、南瓜、牛羊肉等，以导引、静坐为宜，不宜过多户外活动，可按摩心经、肾经。

22.冬至（12月21—23日）：阴气极盛，阳气伏藏，此时前列腺炎、感冒等多发。宜早卧晚起，多晒日光；忌大汗、受寒。多食羊肉、狗肉、枸杞、山药、桂圆、大枣、芝麻、黄豆等，以导引、静坐为佳，可按摩肾经、心经。

23.小寒（1月5—7日）：多见脾肾虚寒，感冒、关节炎、心血管疾病多发。宜保暖、适度运动；忌乍冷乍热。多食核桃、栗子、枸杞、牛羊肉、胡萝卜、干姜、肉桂等。宜导引、静坐，可按摩肾经、脾经。（图5-16）

24.大寒（1月20—21日）：天寒地冻，易见寒气伤肾，高血压、心脏病、感冒、肺炎等多发。宜早睡晚起、避寒就暖，忌日未出而运动。多食牛羊肉、鱼类、豆类、乳制品、干姜、大枣、桂圆、糯米等。不宜室外活动，以导引、静坐等室内运动为宜；可按摩肾经、脾经。（图5-17）

这些养生要点，可以作为日常养生的参考，但也不必完全照搬，因为中医养生的最大原则便是因人而异，因地而异，辨证论治，运用之妙，存乎一心。养生实际上是伴随整个生命每时每刻的，生命不息，养护不止。但在特定的节气注意养生保健，可能会收到更好的效果。

图5-16　食疗，图为豆腐筒骨煲

图5-17 食疗，图为枸杞

为什么要在特定的节气进行养生保健呢？因为二十四节气是地球上气候改变的“临界点”，气候的变化会导致人体的相应变化，所以按照节气来改变自己的饮食起居，正是顺应天地、人天合一的自然养生法。外界的大环境在改变，人体内的小环境也要跟着改变，达成一个顺时而动的和谐环境。也就是说，人体的阴阳平衡，要力图与宇宙的自然规律协调一致。

当然，要达到这种层次的和谐，就必须要提高自身对环境气候变化与身体内部变化的敏感度，最懂你的，其实还是你自己！为人如此，养生亦如此。

润物的歌咏

中国节气

6

道法自然

——节气与民俗

春社与秋社

《老子》中曾经提到：人法地，地法天，天法道，道法自然。千百年来，华夏的祖先们对自然之道的体悟由直观而上升为理性，由实践而提升为文化。二十四节气的确立是理性的结果，而与节气密切相关的风俗人情，则是一种文化传统的体现。（图6-1）

图6-1 《春社图》（明·张翀／绘）

南宋大诗人陆游的《游山西村》一诗，为我们描绘了春社的场景：

莫笑农家腊酒浑，丰年留客足鸡豚。

山重水复疑无路，柳暗花明又一村。

箫鼓追随春社近，衣冠简朴古风存。

从今若许闲乘月，拄杖无时夜叩门。

这里的春社，起源于古代的春祭。从周代开始，有春天祭日之礼，一般是二月的春分那一天，这是国之大典，有正式的礼乐仪式。清潘荣陛《帝京岁时纪胜》：“春分祭日，秋分祭月，乃国之大典，士民不得擅祀。”这一仪式历代相传。在一些朝代里，春祭是官方行为，皇帝有时会带领百官前去祭天，或举办盛大的仪式，例如鞭春牛以鼓励农耕。宋代国家有法令禁止杀牛，春祭时会用面食制成牛的形状作为祭品，祭毕则众人分食之。这种春祭的礼俗到了后世，则演变为一村一族都有春祭之礼，祭祀的地方就叫“春社”。春社里不仅祭日，也要在祠堂举行隆重的祭祖仪式，杀猪、宰羊，请乐手吹奏，由礼生念祭文，带引行三献礼。庙堂之上，村野之间，蔚然成风。按陆游诗中描写，我们可以看到春社里人们是穿着古代的衣冠，在音乐的伴奏下举行祭礼。这就是节气的祭祀活动，渐渐演变为民间风俗的一个典范了。（图6-2）

春社的具体时间为立春后第五个戊日，这一天便称为社日。而立秋后第五个戊日，便是秋社。元代的王恽在一首《尧庙秋社》的词中写道：

社坛烟淡散林鸦，把酒观多稼。

霹雳弦声斗高下，笑喧哗，壤歌亭外山如画。

朝来致有，西山爽气，不羡日夕佳。

秋天是收获的季节，尧帝是三代圣人之一，在尧帝庙举办秋社，来祭祀天地祖先，说明了人们已经把节令当成一种文化生活了。高高的社稷之坛上供着神灵和祭品，坛下人们喝着美酒，欢庆丰收，还要弹琴高歌，好

图6–2 《土牛鞭春》，出自《名画荟珍》

立春日或春节开年，造土牛以劝农耕，农民鞭打土牛，象征春耕开始，以示丰兆，策励农耕。

图6-3　秋收后农民在脱粒、扬谷的场景，13－14世纪中国绘画

一派丰收的喜悦景象。（图6-3）

随着时间的演变，春社与秋社的祭祀对象便固定了下来，主要便是祭祀土神，也就是人们常说的土地爷。遍布村落的土地庙，虽然一年四季都有香火，但以社日最为隆重。人们在立春之后祭土神以祈求秋天的收获，在立秋之后祭土神以感谢土地爷的慷慨，表达一份浓厚的感恩之情。

寒食与清明

在二十四节气里，清明是最为人所熟知的一个节气。同时，它又是一个十分重要的传统节日。节气是物候变化、时令顺序的标志，而节日则包含着一定的风俗活动和某种纪念意义。

清明节的起源，据传始于古代帝王将相“墓祭”之礼，后来民间亦相仿效，于此日祭祖扫墓，历代沿袭而成为中华民族一种固定的风俗。从节气上来看，冬至后第105天被称为“寒食”，恰好是清明的前一天。寒食节与清明节是两个不同的节日，到了唐朝，将祭拜扫墓的日子定为寒食节。

关于寒食的来历，虽然有周朝的禁火旧制，如《周礼》有“仲春以木铎修火禁于国中”的说法，但流传于民间的，却是春秋时期介子推割股奉君的故事。

说到介子推，先要说说春秋时期晋国的公子重耳。重耳是晋献公的大儿子，不幸的是晋国因为立太子的问题发生了内乱，重耳不得已逃出了晋国，介子推便是跟随逃亡的一名心腹之人。流亡的日子充满了艰辛，有一次甚至几日断食。忠心耿耿的介子推割下自己的股肉熬成汤，救了重耳一

图6-4 《寒食》，古代绘画

命。重耳在外流亡19年，后来终于回国做了国君，成为著名的春秋五霸之一——晋文公。晋文公复国之后，大封群臣，却独独忘记了有救命之恩的介子推。介子推认为忠君是理所当然的事情，没有必要去争名夺利，便带着年迈的老母隐居在绵山。等到晋文公有一天想起了介子推，才发现这位功劳卓著的旧臣已经退出了朝堂。他便亲自带人前往绵山寻访介子推，但绵山谷深林密，急切之间也无法寻找，有人便出了个主意说："介子推为人最为孝顺，如果放火烧山，他一定会背着老母亲跑出山来。"晋文公未及细想，便命士兵放火烧山。谁知大火烧了数日，也不见介子推出来。晋文公只好再派军士搜山，却在一棵大树下见到他们母子二人相抱在一起，早已被火烧死。晋文公痛悔万分，将介子推安葬在绵山之下，并为他建了一座祠堂，以为永久纪念。晋文公下令，改绵山为介休，并把介子推死处的大树根挖了出来，做成木屐，不时穿在脚上，呼为"足下"，以表示对介子推的思念。晋文公还下了一道命令，今后每年遇到烧山的这一天，全国不许举火，只许吃冷食，以纪念这位忠心耿耿的臣子。这一习俗后来便慢慢演变为"寒食节"。（图6-4）

这个故事虽然未见于正史，但民间一直流传很广。唐代大诗人王昌龄是山西太原人，他的《寒食即事》诗云：

晋阳寒食地，风俗旧来传。

雨灭龙蛇火，春生鸿雁天。

泣多流水涨，歌发舞云旋。

西见子推庙，空为人所怜。

这篇吊古伤情的诗作，正是诗人在介子推庙中所作。足见寒食与介子推的故事在唐代已经广为人知。它之所以流传千古，是因为人们对饱受屈辱，不离不弃，割股啖君，功不言禄，抱母而亡的介子推，有一种道德与气节上的认同。

唐代还有一首著名的《寒食诗》：

春城无处不飞花，寒食东风御柳斜。

日暮汉宫传蜡烛，轻烟散入五侯家。

从诗里可以看出，寒食节在当时是一个盛大的公众节日，举国放假，仕女出游，春光无限。

而另一首《寒食诗》，描写的则是一幅“清明上坟图”：

寒食时看郭外春，野人无处不伤神。

平原累累添新冢，半是去年来哭人。

正是在唐代，寒食与清明渐渐合而为一，成为一个既有祭扫新坟、生离死别的悲酸泪，又有踏青游玩的欢笑声，家家户户参与其中的最具传统特色的节日。（图6-5）

清明前后景色清新，春光明媚，往往细雨飘飘，和风拂拂，所谓“沾

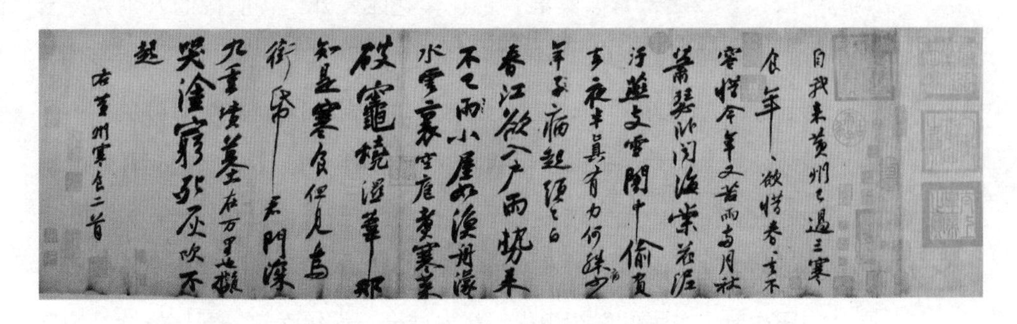

图6-5 书法《黄州寒食诗》（宋·苏轼／书）

图6-6 《清明》，古代绘画

衣欲湿杏花雨，吹面不寒杨柳风”。这时人们自然而然地要亲近自然，春天来了，有什么比在惠风和畅的春光里尽情地放飞心情更美好的呢？所以春游踏青，自古以来便是中国人的传统。清明的习俗也成为一年二十四节气中最为丰富和有趣的。不仅是踏青春游，还有荡秋千、打马球、插柳、赏花、斗鸡、赛诗等。（图6-6）

文人骚客们在清明时节留下了许多脍炙人口的诗歌。比如元代诗人刘炳有句云：“今年寒食客秦淮，杏花李花无数开。”明代僧人明秀诗云“燕子归来寒食雨，春风开遍野棠花”是描写寒食节赏花的。杜淹有《斗鸡》诗云：“寒食东郊道，扬鞲竞出笼；花冠初照日，芥羽正生风；飞毛遍绿野，洒血渍芳丛；虽云百战胜，会自不论功。”这是描写斗鸡的场面，十分生动传神。元代戴表元《林村寒食》诗云：“寒沙犬逐游鞍吠，落日鸦衔祭肉飞。闻说旧诗春赛里，家家鼓笛醉成围。”寒食节有点像是国外的狂欢节，乡民们祭祀祖先，举办诗会，鼓笛吹笙，开怀畅饮，相互嬉戏，如醉如痴，好一派欢乐的气氛。

清明节，是二十四节气中唯一演变成民间节日的节气，今天仍然是我国的公众假日，插柳演变为植树，蹴鞠演变为足球，踏青演变为春游，只有扫墓之风千古不易。彰示着华夏民族的美德：追往怀旧、感恩知报。（图6-7）

二十四节气与传统的中国节日密切相关。像中国人最重要的春节，在汉代以前，基本上以立春为春节，后来才逐渐演变成独立的节日。而中秋节，则是由秋分演变而来的，古人以秋分为祭月之日，但并不是每个秋分都是月圆之日，后来便逐渐定于八月十五这一天。节气是划分天象与气候的标志，更多的是代表着天象，也即太阳运行的轨迹，而节日则慢慢地演变成民间祭祀与庆祝的固定日子了。唯一的例外，就是清明。

图6-7《庆清明佳节》，出自《红楼梦全本》（清・孙温／绘）

节气饮食习俗

民以食为天，饮食在百姓生活中是头等大事。在漫长的岁月长河中，中华大地的各族人民，在不同的节气中，形成了极为丰富的饮食习俗，为舌尖上的中国，留下了各具特色的饮食文化。中华各地的名小吃，都或多或少地与二十四节气的饮食习俗有关。

春天里，人们要吃春盘、春饼，还要喝春酒。春盘源于晋代的“五辛盘”，因为春天寒气未尽，阳气初生，要以五辛来散发阳气。这五辛就是葱、蒜、花椒、生姜、芥末。既可以开胃顺气，又能防治感冒。而唐代立春日食用的春盘，则是由萝卜和生菜组成。杜甫的《立春》诗中写道：“春日春盘细生菜，忽忆两京梅发时。盘出高门行白玉，菜传纤手送青丝。”

而到了宋代，苏轼的诗歌中写道：“辛盘得春韭”，“青蒿黄韭试春盘”，用的则是青蒿与黄韭。青蒿可以防治疟疾，韭菜则能壮阳扶正，可见这种春盘是有着预防瘟疫的作用的。

咬春是指立春日吃春盘、春饼、春卷，嚼萝卜之俗，一个“咬”字道

出节令的众多食俗。春盘是用蔬菜、水果、饼饵等装盘，馈送亲友或自食，故称为春盘。（图6-8）

春饼则是与春盘相配的食物。它是烙成的薄薄的面饼，春饼卷春盘，就是将萝卜细丝和五辛、韭菜等卷在一起食用，实际上便是今天的“春卷”了。清人林兰痴有诗赞曰：“调羹汤饼佔春色，春到人间一卷之。二十四番风信过，纵教能画也非时。”直到今天，江南的春卷，依然要用萝卜丝，加上其他馅料紧紧包起，用油炸成焦黄色，咬起来外酥里嫩，成为江南著名的点心之一。而在北方，春饼则是用米面蒸出的薄薄的面饼，

图6-8 《吃春饼》，山西绛县年画

包上各种馅料，其中切成细细的大葱丝是少不了的，卷起来蘸酱而食，十分美味。连名满天下的北京烤鸭的吃法，也是由这种春饼的食法发展而来。（图6-9）

为什么一定要用大葱呢？因为立春之时，大地回春，大葱冒出的嫩芽，清香脆嫩，人们尝鲜也有“咬春”之意。这种习俗，甚至可以追溯到春秋战国时代，庄子曾经说过：“春日饮酒茹葱，以通五脏也。”而春天喝的酒，叫作春酒，又叫春醪，一般是冬天里酿造，立春时启坛。唐诗有“隔座送钩春酒暖，分曹射覆蜡灯红”的句子，足见春酒在唐代十分普遍。唐代的春酒，又叫“烧春”，可能便是度数较高的蒸馏酒，当时著名的“剑南烧春”，一度作为进贡朝廷的贡酒。如今，四川名酒“剑南春”名扬天下，应该就是由唐代的“烧春”发展而来。

在江南大地，每到草长莺飞时节，小桥流水人家，户户都会用糯米粉和上麦汁，蒸出一笼笼的青团。这种习俗是来自于自古流传的寒食，青团又甜又糯，就像江南少女口中的吴侬软语，令人心驰神往。（图6-10）

清明过后的谷雨，人们习惯饮用新茶，称之为“谷雨茶”。传说谷雨这天的茶喝了会清火、辟邪、明目等，所以南方有明前茶、雨前茶之称，当是来自于谷雨试茶的习俗。

春分时节，江南的田头会出现被称为“春碧蒿”的野苋菜，又称春菜。采上一把春菜，放入滚开的锅内，与雪白的鱼片一起，片刻时间便能做出色香味俱佳的“滚汤”，唤为“春汤”。这春汤喝下去能够清理肠胃，舒畅情志。所以有民谚云：春汤灌脏，洗涤肝肠。阖家老少，平安健康。

春分要喝汤，立夏要吃蛋。我们中国人最为熟知的小食“茶叶蛋”便是从立夏吃蛋的习俗演变而来。有道是“四月鸡蛋贱如菜”，将喝剩的茶叶与鸡蛋一煮便成了茶叶蛋。后来人们又改进煮烧方法，在茶中添入茴

图6-9　江南著名的点心之一——炸春卷

图6-10　青团

香、肉卤、桂皮、姜末等，这样煮出来的茶叶蛋香气扑鼻，无论老少都十分喜欢。立夏吃蛋也是有讲究的，因为立夏这天开始，气候渐渐炎热，很多人，特别是孩子会有脾胃虚弱、食欲不振、四肢无力的现象，称为“疰夏”，而鸡蛋是最好的食疗补品，所以民间谚语说：立夏吃了蛋，热天不疰夏。

到了三伏天，人们习惯于吃羊肉，叫作“吃伏羊”。这种习俗甚至可以追溯到上古时期，在江苏徐州就流传着“彭城伏羊一碗汤，不用神医开药方”的说法。如今，上海近郊的青浦等地，每年三伏都要举办盛大的“伏羊节”，正是这种习俗的延续。（图6–11）

大暑时节，暑气逼人，一些地方，人们要吃凉性的食物，如龟苓膏、烧仙草等，但有些地方与此相反，人们在大暑时节偏要吃热性的食物，如福建莆田人要吃荔枝、羊肉和米糟来“过大暑”。湘中、湘北素有一传统的进补方法，就是大暑吃童子鸡。湘东南还有大暑吃姜的风俗，“冬吃萝卜夏吃姜，不需医生开药方”。

图6–11 “伏羊节”上的羊汤，上海

立秋之后天气转凉，民间流行在立秋这天以悬秤称人，将体重与立夏时对比。因为人到夏天，本就没有什么胃口，饭食清淡简单，两三个月下来，体重大都要减少一点。秋风一起，胃口大开，想吃点好的，增加一点营养，补偿夏天的损失，补的办法就是“贴秋膘”。在立秋这天吃各种各样的肉，炖肉、烤肉、红烧肉等，“以肉贴膘”。当然，对于今天的人们来说，减肥似乎才是主流，但也不防碍很多餐馆里在立秋这天大卖红烧肉。（图6-12）

图6-12　称体重，名为“称人”（刘建华/提供）

立秋这天以悬秤称人，将体重与立夏时对比。

“白露必吃龙眼”是福州的民间传统，就是说在白露这一天吃龙眼有大补的奇效，这一天，吃一颗龙眼相当于吃一只鸡那么补。

浙江温州等地有过白露节的习俗。苍南、平阳等地民间，人们于此日采集“十样白”（也有“三样白”的说法），以煨乌骨白毛鸡（或鸭子），据说食后可滋补身体，祛风湿。

立冬节气，有秋收冬藏的含义，劳动了一年的人们，在立冬这一天要休息一下，顺便犒赏一家人一年来的辛苦。有句谚语“立冬补冬，补嘴空”，就是最好的比喻。在我国南方，立冬人们爱吃些鸡鸭鱼肉，在台湾立冬这一天，街头的“羊肉炉”“姜母鸭”等冬令进补餐厅高朋满座。许多家庭还会炖麻油鸡、四物鸡来补充能量。

冬至吃狗肉的习俗据说是从汉代开始的。相传，汉高祖刘邦在冬至这一天吃了樊哙煮的狗肉，觉得味道特别鲜美，赞不绝口。从此在民间形成了冬至吃狗肉的习俗。现在的人们在冬至这一天吃狗肉、羊肉，以求来年有一个好兆头。

每年农历冬至这天，不论贫富，饺子是必不可少的节日饭。谚云：“十月一，冬至到，家家户户吃水饺。”在北方，还流传着一句“冬至不端饺子碗，冻掉耳朵没人管”的民谚，说的是冬至这一天，家家户户都要吃饺子。所以不仅是春节要吃饺子，冬至更要吃饺子，因为在古代，冬至也是重大的节日。（图6-13）

冬至饺子夏至面，立夏鸡蛋立秋瓜，端午要喝雄黄酒，重阳常饮菊花茶。各地的饮食习俗丰富多彩，有的来自于流传已久的文化，有的则是出于养生保健的需要，如今仍然在华夏大地广为流传。其实中国各地的名小吃，无一没有来历，无一没有传说，这正是中国的饮食能成为一种文化的原因。而二十四节气的饮食习俗，正是我们引以为傲的食文化的主要内容。

图6-13　冶春蒸饺（杜宗军/摄）

民谣中的节气

民谣，是流传于百姓口中的歌谣，它真实地反映了生活，传唱千古，它是诗歌之母。《诗经》中的大部分篇章，便来自民谣。人们口口相传的民谣，如风如火，不胫而走，成为大众喜闻乐见的一种表达形式，往往代表了时代的精神，体现了文化的真髓。古往今来，人们留下了许多关于节气的歌谣。这些歌谣，直白却不浅薄，生动而又贴切，深刻反映了大自然的韵律和人们内心的感受。可以说，它是最接地气的精神养料。（图6-14）

图6-14　金陵民俗“踏青郊游时放风筝”（刘建华/提供）

古代放风筝与放晦气是联系在一起的，放风筝是清明前后南京人最爱玩的游戏。

我们先来看一首俏皮而有趣的《节气百子歌》：

说个子来道个子，正月过年耍狮子。二月惊蛰抱蚕子，三月清明坟飘子。四月立夏插秧子，五月端阳吃粽子。六月天热买扇子，七月立秋烧袱子。八月过节麻饼子，九月重阳醪糟子。十月天寒穿袄子，冬月数九烘笼子。腊月年关四处去躲账主子。

《节气百子歌》虽然只有十二个“子”，但个个关系民生，实在是一首写实之作。百姓的生活既平淡又充实，既有耕种的劳作之苦，又有丰收的喜悦之情。这首《节气百子歌》流传于四川地区，民俗风情，让人感觉有如亲历。（图6-15）

关于节气的民谣，民间流传最广的，莫过于九九歌。从冬至开始进入了“数九寒天”，可以想象，在漫长的冬季，家中的老人守在火炉旁，一句一句地教孩子们那有趣的《九九歌》，北方地区流行的《九九歌》是这样的：“一九二九不出手；三九四九冰上走；五九六九沿河看柳；七九河开；八九雁来；九九加一九，耕牛遍地走。”这首短短的歌谣，通俗押韵，读起来朗朗上口，就连五六岁的孩子也能轻松地记住它。

《九九歌》是利用人对寒冷的感觉以及物候现象，即因天气气温的变化而导致动植物的变化的现象，如柳树发芽，桃树开花，大雁飞来等，来反映天气的冷暖。

《九九歌》由来已久，早在南北朝时就已出现，到了明代已很流行，明代《五杂组》记载了当时《九九歌》的一种说法：“一九二九，相逢不出手；三九二十七，篱头吹觱；四九三十六，夜眠如露宿；五九四十五，太阳开门户；六九五十四，贫儿争意气；七九六十三，布纳担头担；八九七十二，猫犬寻阴地；九九八十一，犁耙一齐出。”

其中的“篱头吹觱”，是指大风吹篱笆发出很大的响声，就像吹觱一样，这觱是古代北方少数民族的乐器名，也提示这首《九九歌》应该是在北方流传的。

据该书记载，当时还流传着另一个版本：“一九二九，相逢不出手；三九四九，围炉饮酒； 五九六九，访亲探友；七九八九，沿河看柳。”这就显得非常通俗易记，与今天流传的版本比较接近了。

漫长的冬天十分难熬，人们又在《九九歌》的基础上发明了有趣的

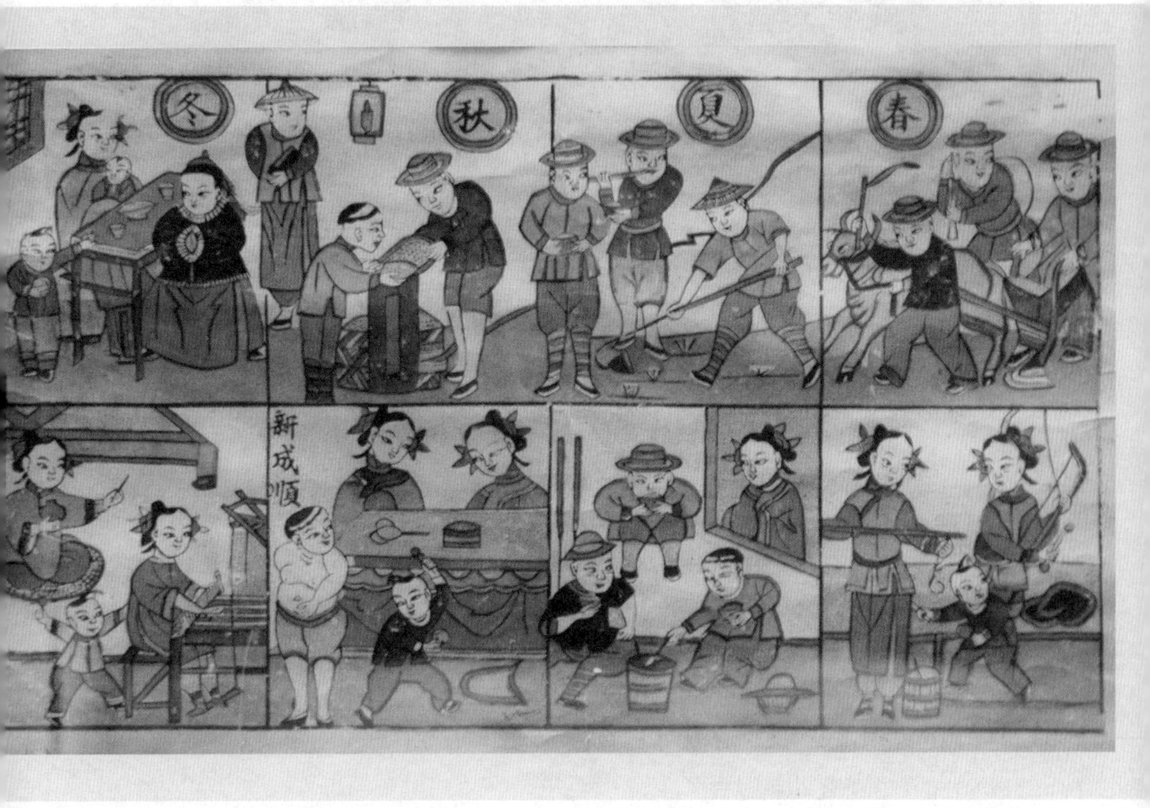

图6-15 春夏秋冬，杨家埠年画，木版套印，民国版后印，山东省博物馆展（俄国庆/提供）

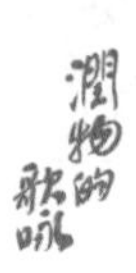

图6-16　古代娃娃消寒图

“熬冬”的智能游戏，也称“画九”或“写九”，不管是画的还是写的，统称作《九九消寒图》。（图6-16）

《九九消寒图》至少有两种版本，一是描红版。就是写一句诗，比如“亭前垂柳珍重待春风”，其笔画刚好是81画，从冬至开始，每天描一笔，描完这81笔，春天就到了。（图6-17）

另一种是梅花图。画一枝梅花，枝上正好有八十一瓣梅花，从冬至那日开始，每天染一朵花瓣，等到画上的梅花全部染红，寒尽春来，最难熬的数九寒冬也就过去了。（图6-18）

这种习俗一开始在文人当中流行，逐渐流传民间，坊间还有刻印好的《九九消寒图》，在市面销售，这就更省事了。冬至前买一张回家，每天画一笔，表达了人们对春天的渴望。

夏天虽然没有《九九消暑图》，但同样有《九九歌》。夏天的“九九”是从夏至开始的，一共81天，这大概是为了与冬天相对应而编制出来的吧。

图6-17 《九九消寒图》之《管城春满消寒图》

据明代《五杂俎》记载为：

一九二九，扇子不离手；
三九二十七，冰水甜如蜜；
四九三十六，汗出如洗浴；
五九四十五，难戴秋叶舞；
六九五十四，乘凉入佛寺；
七九六十三，床头寻被单；
八九七十二，思量盖夹被；
九九八十一，阶前鸣促织。

夏天有从冰窖中取出的冰水喝，显然这是上流社会的生活写照，另一个版本则是民间流传的《夏至九九歌》：

夏至入头九，羽扇握在手。二九一十八，脱冠着罗纱。三九二十七，出门汗欲滴。四九三十六，浑身汗湿透。五九四十五，炎秋似老虎。六九五十四，乘凉入庙祠。 七九六十三，床头摸被单。八九七十二，子夜寻棉被。九九八十一，开柜拿棉衣。

与“阶前鸣促织”相比，“开柜拿棉衣”更符合平民百姓的生活特点。

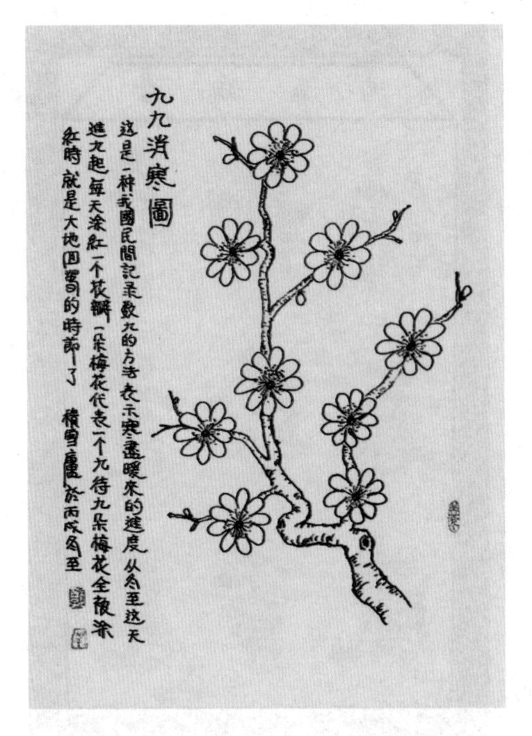

图6-18 《九九消寒图》之梅花消寒图

除了《九九歌》之外，历朝历代都流传着大量的节气民谣民谚。比如：

立春阳气生，草木发新根；雨水东风起，伏天必有雨；惊蛰云不动，寒到五月中；吃了春分饭，一天长一线；清明不戴柳，红颜变白首；谷雨不种花，心头像蟹爬；上午立了夏，下午把扇拿；小满天天赶，芒种不容缓；夏至刮东风，半月水来冲；小暑一声雷，倒转作黄梅；大暑热不透，大热在秋后；早上立了秋，晚上凉飕飕；处暑天还暑，好似秋老虎；白露白茫茫，寒露添衣裳；霜降不降霜，来春天气凉；立冬西北风，来年五谷丰；小雪不见雪，大雪满天飞；冬至一日晴，来年雨均匀；小寒胜大寒，常见不稀罕；大寒天气暖，寒到二月满。

这些民谚，有些是顺口溜，有些反映了当时的气候与物候现象，还有些甚至具有远期的天气预报作用。民间流传的节气民谣，首先关心的还是农时，关注的还是收成，也充满了生活情趣。中国文化既是贵生的文化，也是贵农的文化，在这些节气的歌谣里得到了充分的体现。

当然，今天的孩子们一定要记诵的，是下面这首新编的《二十四节气歌》：

地球绕着太阳转，绕完一圈是一年。一年分成十二月，二十四节紧相连。

按照公历来推算，每月两气不改变。上半年是六、廿一，下半年逢八、廿三。

这些就是交节日，有差不过一两天。二十四节有先后，下列口诀记心间。

一月小寒接大寒，二月立春雨水连；惊蛰春分在三月，清明谷雨四月天。

五月立夏和小满，六月芒种夏至连；七月大暑和小暑，立秋处暑八月间。

九月白露接秋分，寒露霜降十月全；立冬小雪十一月，大雪冬至迎新年。

随着时代的变迁，气候也会发生变化，而中国地大物博、幅员辽阔，各地的民谣往往差距很大，这也反映了民谣的地域性及真实性。节气民谣以其生动好记的特点，千百年来流传极广，成为民俗文化的重要组成部分，也影响着每一个中国人的生活。

润物的诗篇

如果说民谣是诗歌之母，那么，文人的诗作，则是更为凝练的歌咏了。中国是一个诗歌的国度，从《诗经》到唐诗宋词，人们会发现，关于节气的诗篇可谓是多如繁星，令人难以尽数，下面我们举一些优秀的诗作，来看看节气的文化韵味吧。

先来看看唐代罗隐的《京中正月七日立春》：

一二三四五六七，万木生芽是今日。

远天归雁拂云飞，近水游鱼迸冰出。

以“一二三四五六七”起头，好像是孩童们数数，没人会感到这是在作诗，但第二句突然点出“立春”之日万木生芽的景象，前面的数字却陡然让人感觉到了时间如流水般消逝的时空观念。归雁与游鱼，则令人想起了《礼记·月令》的物候描写，可谓是触景生情，既有游人之叹，又有归客之思，十分生动地表现了立春之日的自然变化与内心情感的交融。一个“迸”字，写活了游鱼出水的动感，真是妙不可言。（图6-19）（图6-20）（图6-21）

南宋诗人张栻的《立春偶成》：

图6-20 《四月流觞》，出自清代雍正年间的《十二月令》

图6-19 《二月探春》，出自清代雍正年间的《十二月令》

图6-21 《六月纳凉》，出自清代雍正年间《十二月令》

律回岁晚冰霜少，春到人间草木知。

便觉眼前生意满，东风吹水绿参差。

立春是一年之始。“律回”二字，巧妙地揭示了节气的韵律，就像音乐一样在回旋。古人认为音律跟地气是完全相应的，所以有“律管吹灰”的说法。大自然的韵律就像一首咏叹调，回旋激荡，周而复始。诗人紧紧把握住这一感受，真实地描绘了春到人间的动人情景。冰化雪消，草木滋生，开始透露出春的信息。于是，眼前顿时豁然开朗，到处呈现出一片生意盎然的景象。那碧波荡漾的春水，也充满着无穷无尽的活力。从“草木知”到“生意满”，诗人在作品中富有层次地再现了大自然的这一变化过程，洋溢着饱满的生活激情。

南宋词人辛弃疾的《汉宫春·立春日》则是另一番情怀：

春已归来，看美人头上，袅袅春幡。无端风雨，未肯收尽余寒。年时燕子，料今宵、梦到西园。浑未办、黄柑荐酒，更传青韭堆盘？

却笑东风从此，便熏梅染柳，更没些闲。闲时又来镜里，转变朱颜。

清愁不断，问何人、会解连环？生怕见、花开花落，朝来塞雁先还。

春幡，是少女头上彩纸剪成的燕子，春天的消息，首先是通过美人的头饰表达出来的。女人爱美，也爱春天，这种描写别出心裁，令人遐想不已。这里写到了节令的变换与当时的习俗，如黄柑酒，青韭春盘等，都是春天的食物。节令物候的变化与词人的惜春之情交相辉映，让人的眼前出现一幅春天景象。（图6-22）

若论描写清明的最佳诗句，还是当推唐代诗人杜牧的那首《清明》了：

清明时节雨纷纷，路上行人欲断魂。

借问酒家何处有，牧童遥指杏花村。

这是几乎每位中国人都能背诵的千古绝唱，有景、有情、有雨、有诗、有酒，还有时令节气，更有那代代相传的中华之魂。

节气可以入诗，可以入词，当然也可以入曲。清末苏州的弹词艺人马如飞创作了一曲《二十四节气》的弹词：

图6-22 春幡（剪纸）

南宋时，人们开始把春幡贴在门楣上以祈福。

（唱）表的是《西园（记）》梅放立春先，云镇霄光雨水连，惊蛰初交河跃鲤，春分蝴蝶梦花间，清明时放的本是《风筝误》，谷雨时在《西厢（记）》好养蚕，《牡丹亭》立夏花零乱，《玉簪（记）》小满布庭前，隔溪芒种《渔家乐》，《义侠（记）》同耕夏至田，《白罗衫》在小暑最得体，《望江亭》大暑时对风而眠，立秋后向日的葵花放，处暑时在《西楼（记）》又听晚蝉，你看那《翡翠园》中白零露，秋分《折桂（记）》月华天……立冬时畅饮在《麒麟阁》，《绣襦（记）》时小雪正好咏诗篇，《幽阁（记）》大雪红炉暖，冬至一到这《琵琶（记）》就懒得去弹，小寒高卧做个《邯郸梦》，《一捧雪》飘空又交大寒。（图6–23）（图6–24）（图6–25）

图6–23 中国戏剧《西厢记》绘图

这篇弹词把二十四节气与十八出昆曲剧目巧妙地连在了一起，随着时令安排剧目，显得十分自然贴切，真可谓是匠心独运。如清明时节的习俗是放风筝，所以要演《风筝误》，秋分桂花香，上演的便是《折桂记》，大寒时演一出《一捧雪》，应景应时，如果是在现场听那一腔三转的吴侬软唱，一定会让人拍案叫绝！

节气还可以入联。（图6–26）中国的对联，讲求工整和押韵，往往比诗歌的要求还要严格。传说明代有一位学者，在浙江天台山游览时，夜宿山中茅屋。次日晨起，见茅屋一片白霜，心有所感随口吟出上联：

图6–24 中国戏剧《牡丹亭》插图《寻梦》《惊梦》

張生跳粉墻同奕棋

生鶯幽會佳期

图6-25 《玉簪记》中的陈妙常，民国香烟牌画（黄欣/提供）

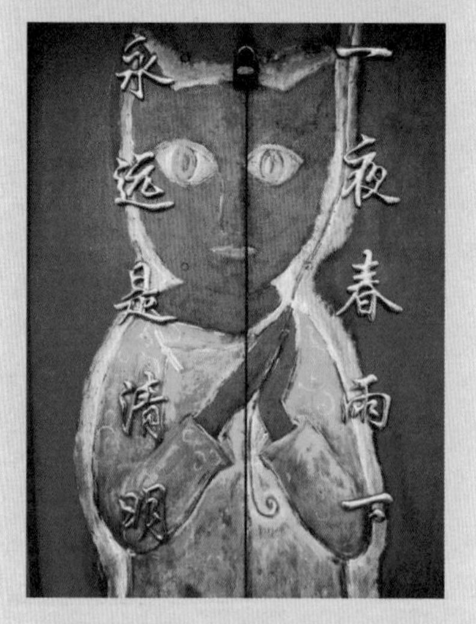

图6-26 民居门上的对联：一夜春雨下，永远是清明（刘苑生/提供）

昨夜大寒，霜降茅屋如小雪。

这副上联嵌有大寒、霜降、小雪三个节气，来描写眼前的景色，人们会联想起“鸡声茅店月，人迹板桥霜”，会在眼前浮现一派秋霜，满地皆白的图画。全联一气呵成，毫无痕迹。一时成为绝对，难倒了许多文人才士。直至近代，才由浙江的赵恭沛先生对出下联：

今朝惊蛰，春分时雨到清明。

这下联同样含有三个节气——惊蛰、春分、清明，描绘的是春天的景色，不仅对得十分工整，还把春天的气息表达了出来，让人仿佛在春天刚刚来到的惊蛰这一天，便渴望在春雨中沐浴，对得巧妙，堪称绝对，令人心服口服。（图6-27）

历史上还有人撰写过一副兼

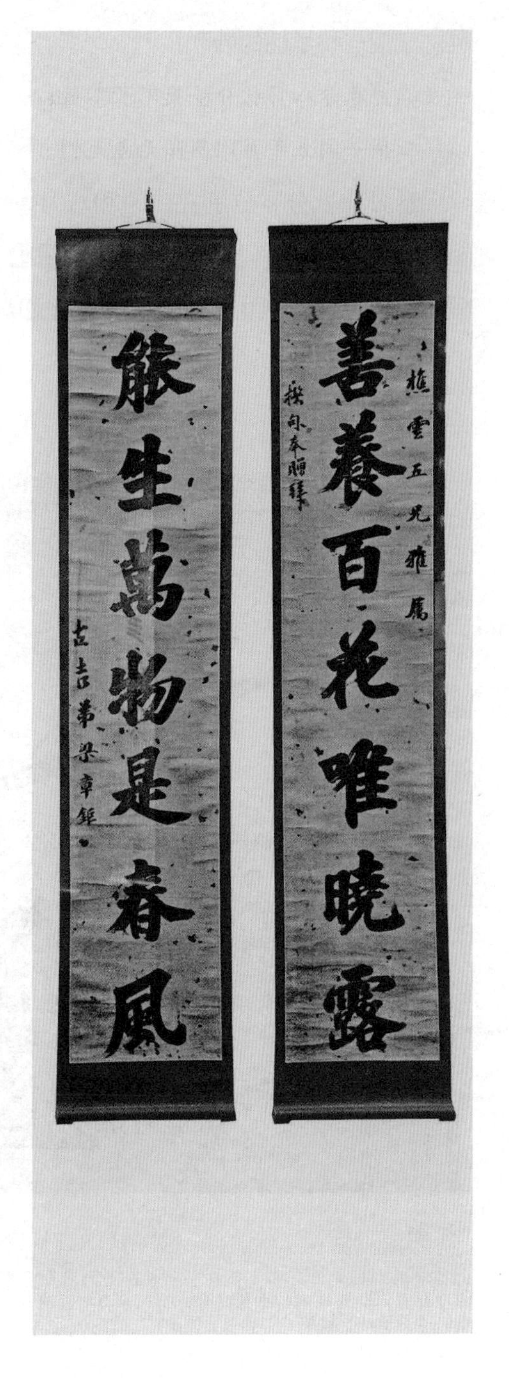

图6-27　对联“善养百花唯晓露，能生万物是春风”，落款：梁章钜，北京首都博物馆（孔兰平/摄）

具文学性与科学性的妙联：

二月春分八月秋分昼夜不长不短；

三年一闰五年再闰阴阳无差无错。

春分和秋分，分别在二月和八月，此时昼夜相平，所以说“不长不短”。而下联则换了另一个角度，道出了农历闰年的规律性，即三年一闰，五年再闰，十九年七闰，没有天文历法的知识，也是写不出来的。（图6-28）

图6-28　中秋拜月

中国古代帝王有春天祭日、秋天祭月的礼制，祭月即拜月。魏晋时流行中秋赏月，明代祭月之风遍及全国，赏月，吃月饼等习俗亦长盛不衰。

诗歌来自于自然，来自于生活。当我们感受节气时，正是在向大地叩问诗句。诗潜藏于大地的深处，节气是它涌现的泉眼。水声汩汩，诗情勃勃。节气无疑包含了最为原始质朴的诗意，它直接源自大地，又经过了升华，就像雨水从天空沛然而下，一派天然，不仅滋润了万物，也滋润了人类的心灵，让人体会到大自然率真的表情和微妙的灵性。（图6-29）

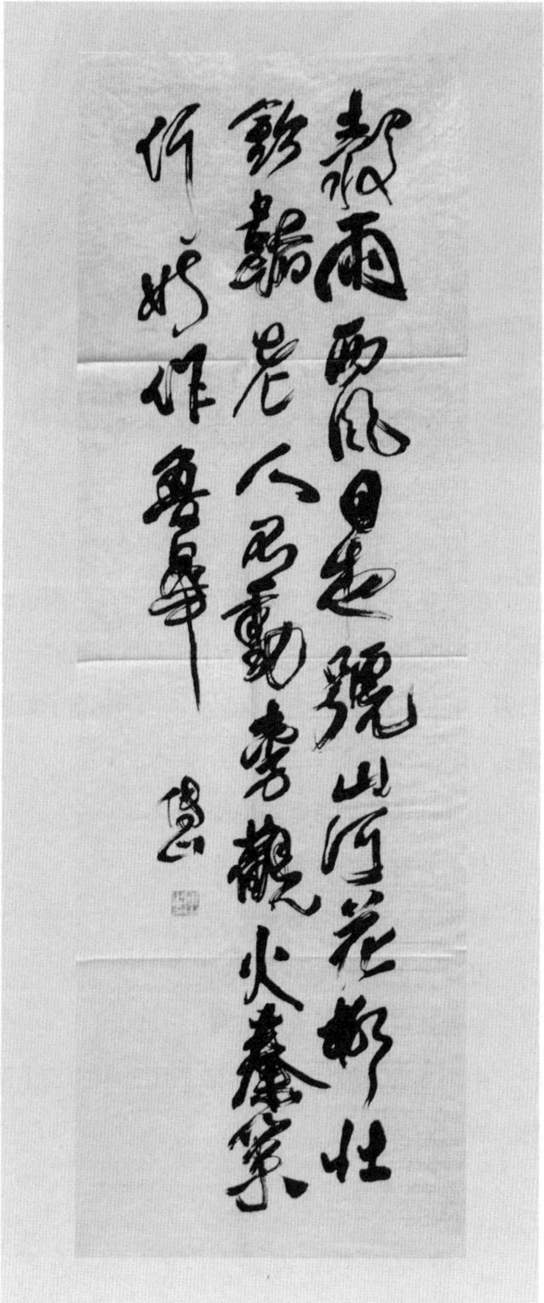

图6-29　七言绝句草书轴，绫本，185厘米×52厘米，傅山书（孔兰平/摄）

书为“谷雨西风日夜号，山河花柳壮钤韬。老人不动旁观火，秦策何妨作鲁皋”。

图6-30　二十四节气大鼓，陕西西安鼓楼（封小莉/摄）

节气是诗歌，也是画；节气是天籁之声，也是人类的头脑中的灵感音符。天地间的阴阳消息，透过二十四节气的一个个特定的刻度，与经天的日月，轮回的四季一起，混而为一，奏响了如歌的行板，喷涌出造化的诗篇。（图6-30）

正如杜甫的那首千古绝唱：

好雨知时节，当春乃发生。

随风潜入夜，润物细无声。

野径云俱黑，江船火独明。

晓看红湿处，花重锦官城。

中国人独立发明的，流传了几千年的二十四节气，不正是那润物的歌咏，岁月的诗篇吗？

参考文献

[1] 杜石然等.中国古代科技史稿[M].北京:科学出版社，1982.

[2] 潘吉星.李约瑟文集[M].沈阳:辽宁科学技术出版社,1986.

[3] 张闻玉.古代天文历法讲座[M].桂林:广西师范大学出版社，2008.

[4] 祝亚平.道家文化与科学[M].合肥:中国科学技术大学出版社，1995.

[5] 李金水.中华二十四节气知识全集[M].北京:当代世界出版社，2010.

[6] 施杞.实用中国养生全书[M].上海:学林出版社，2000.